2色刷●絵とき

ディジタル回路入門早わかり

改訂2版

岩本 洋 監修／堀 桂太郎 著

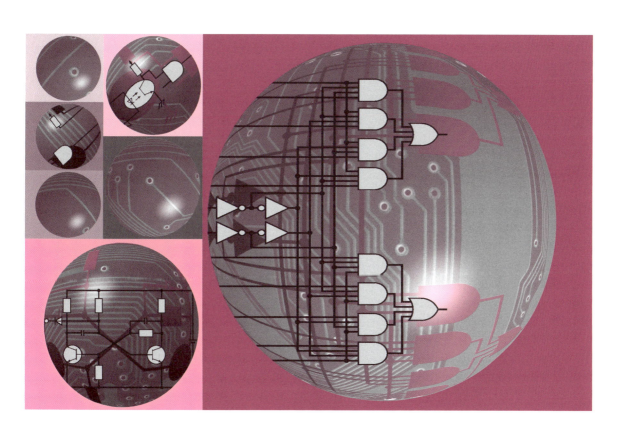

Ohmsha

本書を発行するにあたって，内容に誤りのないようできる限りの注意を払いましたが，本書の内容を適用した結果生じたこと，また，適用できなかった結果について，著者，出版社とも一切の責任を負いませんのでご了承ください．

本書は，「著作権法」によって，著作権等の権利が保護されている著作物です．本書の複製権・翻訳権・上映権・譲渡権・公衆送信権（送信可能化権を含む）は著作権者が保有しています．本書の全部または一部につき，無断で転載，複写複製，電子的装置への入力等をされると，著作権等の権利侵害となる場合があります．また，代行業者等の第三者によるスキャンやデジタル化は，たとえ個人や家庭内での利用であっても著作権法上認められておりませんので，ご注意ください．

本書の無断複写は，著作権法上の制限事項を除き，禁じられています．本書の複写複製を希望される場合は，そのつど事前に下記へ連絡して許諾を得てください．

出版者著作権管理機構
（電話 03-5244-5088, FAX 03-5244-5089, e-mail: info@jcopy.or.jp）

JCOPY ＜出版者著作権管理機構 委託出版物＞

はしがき

　私たちは，日々，いろいろな家電製品を使い，快適な生活を送っています．例えば，電話・ファクシミリ・コンピュータ・ディジタルTVなどを挙げることができますが，それらの家電製品は，ディジタル信号を用いて制御されており，そのディジタル信号は，ディジタル回路で作られています．つまり，家電製品の中で必要な処理はディジタル回路で行われているわけです．

　本書は，初めてディジタル回路を学習しようとしている方を念頭に置いて，一般に難しいと考えられている内容を，やさしく，ていねいに，分かりやすく解説しています．

　初めに，ディジタル信号を取り扱うときの基本的知識として，論理代数と論理回路を取り上げました．次に，ディジタルIC・演算回路・記憶回路・計数回路・パルス回路・各種ディジタル回路・D-A変換・A-D変換と進みます．最後に，学習したことを検証するという意味で，いろいろなディジタル回路の実験方法について述べました．

　また，本書を執筆するに当たって，次の点に留意しました．

1. 取り上げる内容については，できるだけ精選し，初めてディジタル回路を学ぶ方によく理解できるように平易に解説した．
2. 図面を工夫し，2色刷り・アミかけなどにより，記述した内容の理解を助けるように努めた．
3. 回路図については，実験や製作の便を図るという観点で，IC・トランジスタなどについてはその具体的な名称を，また抵抗器・コンデンサなどについてはそれらの値を数値で示した．
4. 各項目の終わりに「Let's review !」を，各章の最後に「章末問題」を掲載し，知識整理の便を図った．
5. 用語は学術用語に，図記号はJISに準拠した．ただし，論理回路の図記号については，一般に広く用いられているANSI（アメリカ国家規格協会）によった．

＊　　　　＊　　　　＊

　読者諸氏が，まず本文の理解に努め，次に実際に，はんだごてを握って実験回路を組み，ディジタル回路の基本的な内容を完全にマスターされるよう心から念じております．

　このたび，新しい技術に対応するために内容を改訂し，さらに章末問題を設けるなどして，改訂2版を発行することになりました．

　なお，本書に登場する歴史的な写真，資料等は，東京工業大学名誉教授木本忠昭先生のご協力によっています．厚く感謝申し上げます．

2016年6月

著　者

- ●絵で見る電気の歴史 ……………………………………………… 7
- ●資料：ブール代数の諸定理，各種フリップフロップの概要 … 22

第1章 論理代数 …………………………………………… 23

1．2 進数 ……………… 24
2．16 進数 …………… 26
3．補　数 …………… 28
4．論理演算 …………… 30
5．ベン図 ……………… 32
6．ブール代数 ………… 34
7．ド・モルガンの定理 … 36
■章末問題1／■1章のまとめ …… 38

第2章 論理回路 …………………………………………… 39

1．ベイチ図1 ………… 40
2．ベイチ図2 ………… 42
3．ゲート回路1 ……… 44
4．ゲート回路2 ……… 46
5．論理回路の設計手順 … 48
6．論理回路の設計1 …… 50
7．論理回路の設計2 …… 52
■章末問題2／■2章のまとめ …… 54

第3章 ディジタルIC ……………………………………… 55

1．TTLとCMOS ……… 56
2．ICの取り扱い1 …… 58
3．ICの取り扱い2 …… 60
4．ファンアウト ……… 62
5．インタフェース1 …… 64
6．インタフェース2 …… 66
7．規格表の見方 ……… 68
■章末問題3／■3章のまとめ …… 70

第4章　演算回路 …… 71

1. 加算回路1 …… 72
2. 加算回路2 …… 74
3. 減算回路1 …… 76
4. 減算回路2 …… 78
5. 乗算回路 …… 80
6. 除算回路 …… 82
7. 算術論理演算装置 …… 84
■章末問題4／■4章のまとめ …… 86

第5章　記憶回路 …… 87

1. RSフリップフロップ1 …… 88
2. RSフリップフロップ2 …… 90
3. JKフリップフロップ …… 92
4. 各種のフリップフロップ …… 94
5. フリップフロップの機能変換 …… 96
6. シフトレジスタ1 …… 98
7. シフトレジスタ2 …… 100
■章末問題5／■5章のまとめ …… 102

第6章　計数回路 …… 103

1. カウンタの基礎 …… 104
2. 非同期式カウンタ …… 106
3. 非同期式カウンタの設計 …… 108
4. 同期式カウンタ …… 110
5. 同期式カウンタの設計 …… 112
6. カウンタの組合せ …… 114
7. ジョンソンカウンタ …… 116
■章末問題6／■6章のまとめ …… 118

第7章　パルス回路 …… 119

1. 非安定マルチバイブレータ …… 120
2. 単安定マルチバイブレータ …… 122
3. 双安定マルチバイブレータ …… 124
4. 微分・積分回路 …… 126
5. 波形整形回路1 …… 128
6. 波形整形回路2 …… 130
7. シュミットトリガ …… 132
■章末問題7／■7章のまとめ …… 134

■目次

第8章　各種のディジタル回路 ……………………………………………… 135

1. エンコーダ …………………… 136
2. デコーダ ……………………… 138
3. マルチプレクサ ……………… 140
4. コンパレータ ………………… 142
5. IC メモリ …………………… 144
6. 回路の誤動作防止法1 ……… 146
7. 回路の誤動作防止法2 ……… 148
■章末問題8／■8章のまとめ …… 150

第9章　D-A・A-D コンバータ …………………………………………… 151

1. ディジタルとアナログ ……… 152
2. 標本化定理 …………………… 154
3. 電流加算方式 D-A コンバータ … 156
4. はしご形 D-A コンバータ …… 158
5. 2重積分方式 A-D コンバータ … 160
6. 逐次比較方式 A-D コンバータ … 162
7. 並列比較方式 A-D コンバータ … 164
■章末問題9／■9章のまとめ …… 166

第10章　実験回路 ……………………………………………………………… 167

1. 基本ゲート回路の実験 ……… 168
2. ディジタル IC の特性測定 …… 170
3. 加算・減算回路の実験 ……… 172
4. フリップフロップ回路の実験 … 174
5. カウンタ回路の実験 ………… 176
6. マルチバイブレータ回路
　　　　　　　　　　の実験 … 178

●問題の解答：
　　Let's review の解答／各章末問題の解答 ……………… 180
●索引 ………………………………………………………………… 189

A History of Electrical Technology

絵で見る 電気の歴史

1 紀元前の琥珀と磁石

**BC600年
静電気の発見
タレス**

　ギリシャの7賢人の1人に，タレスという哲学者がいました．紀元前600年ごろ，タレスは，当時のギリシャ人たちが琥珀を摩擦して羽毛を吸いつけたり，磁鉄鉱で鉄片を吸いつけたりしているのを見て，その原因を考え，「万物は神々に満ちている．マグニスは鉄を吸引するがゆえに神霊をもっているはずだ」と説いたといわれています．ここで，マグニスとは磁鉄鉱のことです．

　また，ギリシャ人は琥珀をエレクトロンとよび，バルチック海沿岸から輸入して，腕輪や首飾りを作っていました．当時の宝石商たちも琥珀を摩擦すると羽毛が吸引されることを知っていたようですが，神々の精霊，あるいは魔力のせいだと考えていました．

**磁針の応用
中国**

　一方，中国人は，紀元前2500年ごろには天然磁石の知識があったようです．
　また，「呂氏春秋」という本の中には，羅針盤のことに触れた記述がありますが，それは紀元前1000年ごろのことです．中国では，磁針が古くから方位を求めるのに使われていたといわれています．

2 磁気・静電気とボルタの電池

**14世紀
航海用羅針盤の
発明**

　いま一般にいわれている摩擦電気については，紀元前に一つの現象として知られていましたが，長い間，これといった進展がありませんでした．

　羅針盤については，13世紀に入っても針の形にした磁鉄鉱を藁の上に乗せ，水に浮かべて航海したという程度でした．14世紀初頭になって，磁針を糸でつるした航海用の羅針盤がつくられました．

　このような羅針盤は，1492年コロンブスのアメリカ大陸発見，そして1519年マゼランの世界一周航路の発見に役立ったと考えられます．

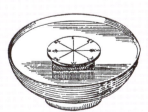

水に浮かべた磁針

7

■ 電気の歴史

（1） 磁気・静電気とギルバート

エリザベス女王に実験を見せるギルバート

イギリス人ギルバートは，エリザベス女王の侍医でもあり，医者としての仕事をするとともに，磁気の研究を行っていました．彼は，多年にわたる磁気に関する実験の成果をまとめて，1600年，「磁気について」と題する本を出し，その中で，地球は，大きな磁石であることや，羅針盤の伏角について説明しています．

また，ギルバートは，琥珀を摩擦すると，羽毛を吸引する現象を研究し，このような現象は，琥珀だけでなく，硫黄，樹脂，ガラス，水晶，ダイアモンドなどにも存在することを明らかにしました．ちなみに，現在では帯電現象として，摩擦電気系列（毛皮・フランネル・セラミ

1600年
静電気の研究
ギルバート

ックス・封ろう・ガラス・紙・絹・琥珀・金属・ゴム・硫黄・セルロイド）があり，この系列の二つを互いにこすると，系列の前の物質が正に，後の物質が負に帯電することが明らかになっています．

さらに，ギルバートは，静電力を実験するために，ベルソリューム回転器という名称の古いタイプの験電器を考案しました．

当時は，思索だけで研究を行うという方法が主でしたが，真の研究は，実験を基礎とすべきであると主張し，実践した点は，近代科学の研究方法の始まりといえるでしょう．

（2） 雷と静電気

1748年
避雷針の発明
フランクリン

紀元前の中国では，雷について次のように考えていました．雷は雷を司る5人の神々のしわざであり，その長は雷祖とよばれ，その下に太鼓を鳴らす雷公と2枚の鏡で下界を照らす雷母がいるというのです．

アリストテレスのころになると，かなり科学的になって，雷雲は大地の蒸気でできており，この雷雲が寒気とともに収縮すると，雷雨とともに光を発すると考えていました．

ライデン瓶の実験

雷が静電気によるものであると考えたのは，イギリス人ウォールでしたが，時代は，ずっと後の1708年です．フランクリンも同様に考え，1748年避雷針を考案しました．

すでに述べた摩擦電気系列の正電荷と負電荷について，電気に正，負の2種類があり，これに対してプラス電気，マイナス電気という名称を与えたのはフランクリンです（1747年）．

このような静電気を何とか「ためこむ」ことはできないものかと多くの科学者が考えていました．1746年，ライデン大学教

1746年
ライデン瓶の発明
ミュッセンブルク

授ミュッセンブルクは，電気を蓄えることができる瓶を発明しました．これがのちに有名な「ライデン瓶」とよばれるものです．

ミュッセンブルクは水を瓶に蓄えるように電気を瓶に蓄えようと考え，まず水を瓶に入れ，

次に，針金を通して，摩擦ガラス棒を水に入れてみました．瓶と棒に手で触れた瞬間，非常に強いショックを受け，「王様にしてやるといわれても二度とこんな恐ろしい実験はしたくない」と言ったそうです．

フランクリンはライデン瓶に電気を蓄えようと思いつき，1752年6月，凧を雷雲の中に上げて実験しました．その結果，雷雲はときに正に，またときには負になることを発見しました．この凧の実験は有名になり，多くの科学者が興味をもち追実験を行っていますが，1753年7月，ロシアのリヒマンは，その実験中，電気ショックを受け死亡しました．

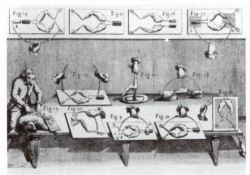

ガルバーニの蛙の実験

1800年
電池の発明
ボルタ

さて，電気によるショックは病気の治療に利用され，1700年代から電気ショック療法が行われています．ボロニア大学（イタリア）教授ガルバーニは，蛙の解剖をしているとき，メスが足の筋肉に触れると筋肉がけいれんすることを発見しました．電気ショック療法が盛んな時代でしたから，彼は蛙の筋肉のけいれんは，電気がその原因であろうと考えたのです．そして，この電気を「動物電気」と名付け，1791年に同名の論文を発表しました．

パビア大学（イタリア）教授ボルタは，ガルバーニの実験を繰り返し行い，「動物電気」に疑問をもつようになり，さらに研究をすすめて，1800年「異種の導電物質の接触によって発生する電気について」という論文を発表しました．つまり，2種類の金属を接触させると電気が発生するという現象です．そして，いろいろな金属で実験した結果，金属の電圧列は（亜鉛・鉛・錫・鉄・銅・銀・金・石墨）であり，この電圧列の2種類の金属を接触させると，列の前の金属が正に，後の金属が負に帯電するということを明らかにしました．また，希硫酸の中に銅と亜鉛の電極を入れたボルタの電池が発明されました．ちなみに，電圧の単位ボルトは彼の名によっています．

ナポレオンの前で実験するボルタ

1800年代初頭は，ナポレオンがフランス革命後，ナポレオン時代を展開しようとしているころです．ナポレオンはイタリアから凱旋し，1801年，ボルタをパリに呼び，電気実験をさせました．そして，ボルタはナポレオンから金牌とレジョン・ド・ヌール勲章を授けられています．

（3） ボルタ電池の利用と電磁気学の発展

ボルタの電池が発明されてから，この電池を利用してさまざまな実験や研究が行われました．ドイツでは水の電気分解が行われ，イギリスでは塩化カリウムからカリウムを，塩化ナトリウムからナトリウムを取り出す研究が行われましたし，イギリスの化学者デービーによって，ボルタの電池を2000個もつないだアーク放電の実験が行われました．この実験は，正電極と負電極の先端に木炭をつけ，その間隔を調整して放電させるもので，強い光が発生し，これが電気照明の始まりといわれています．

1820年
電流による
磁界の発見
エルステッド

1820年，コペンハーゲン大学（デンマーク）教授エルステッドは，ボルタの電池につない

■ 電気の歴史

シリングの単針電信機

でおいた導線のそばに磁針を置いたところ，それが回転するのを発見し，論文として発表しました．

ロシアのシリングが，その論文を読んでコイルと磁針を組み合わせた電信機を発明し（1831年），これが電信の始まりといえます．

その後，フランスのアンペールが，電流の周囲に生ずる磁界の方向についてのアンペアの法則（1820年）を発見し，ファラデーが，画期的な電磁誘導現象を発見（1831年）するなど，電磁気学は飛躍的に発展しました．

一方，電気回路に関する研究も進み，オームが電気抵抗に関するオームの法則（1826年）を発見し，キルヒホッフが回路網に関するキルヒホッフの法則（1849年）を発見するなど，電気学が確立しました．

オーム

1826年
オームの法則発見
オーム
1831年
電磁誘導現象の発見
ファラデー

3　有線通信の歴史

科学技術は，軍事面の要請で発展してきたと言う人がいますが，確かにそういえる部分があります．

ナポレオンの進攻を恐れていたイギリスは，腕木式通信機でフランス軍の動きを本隊に連絡していました．また，スウェーデン，ドイツ，ロシアなどの各国も，軍事に，この通信機を利用する通信網をつくり，膨大な予算を当てていたといわれています．

この通信機を電気式に改めるという着想が，有線通信の始まりといえるでしょう．

（1）有線通信の原理

1837年
電信機の発展
クックと
ホイートストン

すでに述べたシリングの電磁式電信機のほかに，ドイツのゼンメリングが発明した電気化学式電信機，ガウスとウェーバー（ドイツ）の電信機，クックとホイートストン（イギリス）の5針式電信機などがあります．また，電信機の形式は，音響式，印刷式，指針式，ベル式等さまざまです．

その中で，クックとホイートストンの5針式電信機は，ロンドン－ウェストドレイトン間

クックとホイートストンの5針式電信機

の20kmに5本の電信線を張って実際に使ったという点で有名です．1837年のことでした．

（2） モールスの電信機

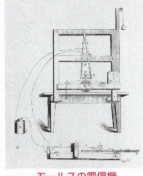

モールスの電信機

1837年
モールス電信機
の発明
モールス

1837年，アメリカで，モールスの電信機が完成しました．モールス信号（トン・ツー）で有名なモールスです．

モールスは画家になるためロンドンで勉強し，1815年アメリカに帰る船中で，ボストン大学教授のジャクソンから電信の話を聞き，モールス信号と電信機の着想を得たということです．モールスは，電信線敷設のために，マグネティック・テレグラフ会社をつくり，1846年，ニューヨーク－ボストン間，フィラデルフィア－ピッツバーグ間，トロント－バッファロー－ニューヨーク間で電信事業を始めました．

モールスの事業が大成功を収めると，アメリカ各地に電信会社がつくられ，電信事業は，しだいに拡大していきました．

1846年には，モールスの電信機に音響受信機が取り付けられ，使い勝手も良くなったということです．モールス信号による通信は，混信や雑音などに強いため，広く利用されました．

しかし，1999年世界的な船舶安全通信システムが，衛星通信システムGMDSSに移行したのを機に，モールス信号による通信の時代は終わったといえます．現在モールス信号による通信は，アマチュア無線，漁業通信や軍事用通信の一部で用いられるだけになりました．

（3） 電話と交換機

1876年
電話の発明
ベルとグレイ

1876年2月14日，アメリカの2人の発明家ベルとグレイは，別々に電話機の特許権の申請をしましたが，ベルの特許申請がグレイより2時間ほど早かったということで，ベルが特許を受けたのでした．

1878年，ベルは電話会社をつくり，電話機を製造し，電話事業の発展に力を尽くしました．

電話が発達すると交換機が重要な役割を果たします．1877年ごろの交換機は，チケット式交換機とよばれ，交換手が通信希望を受け，チケットを別の交換手に渡すというものでした．

その後，改良が重ねられ，ブロックダイヤグラム式，さらに自動的に交換を行う方式が開発されました(1879年)．

1891年
自動交換機の
発明
ストロジャー

1891年，ストロジャー式自動交換機が完成し，自動交換の考え方がここにできあがりました．その後も研究が進められ，

ストロジャー式自動交換機

電気の歴史

いくつかの段階を踏んで電子交換機になりました．そして，1997年には，すべての電子交換機がディジタル方式に移行しました．

（4）海底通信ケーブル

陸上の通信網がしだいに整うと，次に海を隔てた国との通信を行うため，海底に通信ケーブルを張ることが考えられました．1840年ごろ，すでにホイートストンが海底ケーブルを考えていたようです．

海底ケーブルの課題は，電線の機械的強度，絶縁，敷設の方法など，陸上のケーブルとは異なるものがあげられます．

1845年，英海峡海底電信会社ができ，イギリスからカナダまで，またドーバー海峡を隔てたフランスまで海底ケーブルを敷設する事業が展開されました．

海底ケーブルの敷設は，ケーブルが切れるなど難事業でしたが，時代の要請もあって，各国がこの事業に手をつけたのでした．

1851年，カレー－ドーバー間で最初の海底ケーブルが敷設され，通信に成功しました．それを契機にヨーロッパ周辺，アメリカ東部周辺に多数のケーブルが敷設されました．

現在では，世界中の海にケーブルが張りめぐらされ，通信に利用されています．

ケーブル敷設のアガメノン号

1845年 海底ケーブルの敷設 イギリス

4 無線通信の歴史

世界のどの地域の情報もテレビやラジオで放映されますが，これは電波のお陰です．

その電波を最初に発生させる実験は，1888年ドイツのヘルツによって行われました．その実験から，ヘルツは電波には光と同じように，直進・反射・屈折の現象があることを明らかにしたのでした．

周波数の単位 Hz は，彼の名によっています．

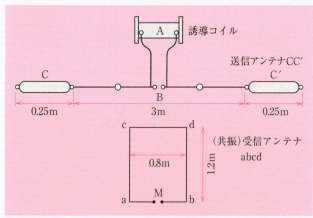

ヘルツの電磁波の伝搬実験

（1）マルコーニの無線装置

ヘルツの実験を雑誌で読んだイタリアのマルコーニは，1895年最初の無線装置をつくりました．この無線装置を使って，約3kmの距離でモールス信号による通信実験を行っています．彼は，無線通信を企業化することを思いつき，無線電信・信号会社をつくりました．

1899年には，ドーバー海峡を越えた通信に成功し，1901年には，イギリスから2 700km離れたニューファウンドランドで，モールス信号の受信に成功しました．

1895年 無線電信の発明 マルコーニ

マルコーニと無線装置

マルコーニは，無線通信の分野で多くの成功を収めましたが，海底ケーブルの会社は利害が対立すると考え，ニューファウンドランドに無線局を設けることに反対するなど，マルコーニの反対者は少なくありませんでした．

（2） 高周波の発生

無線通信には，安定した高周波を発生することが不可欠です．

ダッデルは，コイルとコンデンサを用いた回路で高周波を発生させましたが，周波数は 50 kHz 未満，電流も 2～3 A と小さなものでした．

1903年
高周波の利用
パウルゼン

1903年，オランダのパウルゼンは，アルコール蒸気の中で生じたアークにより 1 MHz の高周波を発生させ，ペテルゼンは，これを改良して出力 1 kW の装置をつくりました．

その後，ドイツにおいて，機械式の高周波発生装置が考案され，アメリカのテスラやフェッセンデン，ドイツのゴルトシュミットらは，高周波交流機による方法を開発するなど，多くの科学者や技術者が高周波発生の研究に取り組みました．

（3） 無線電話

1906年
無線電話の発明
アレクサンダーソン

モールス信号ではなく，人の言葉を送るには，音声信号を乗せる搬送波が必要であり，搬送波は高周波でなければなりません．

1906年，GE社のアレクサンダーソンは，80 kHz の高周波発生装置をつくり，無線電話の実験に初めて成功しました．

無線電話で音声を送り，それを受けるには送信するための高周波発生装置と受信するための検波器が必要です．

1913年
ヘテロダイン
受信機の発明
フェッセンデン

フェッセンデンは，受信装置としてヘテロダイン受信方式を考案し，1913年には，その実験を成功させています．

ダッデルは，送信装置としてパウルゼンアーク発信器を用い，受信装置として電解検波器を用いた受話器式を考案しました．当時としては，いずれも火花発振器を用いているため雑音が多く，実験段階で成功したとはいえ，実用化にはほど遠いものでした．

電波を安定に発生させ，雑音の少ない状態で受信するためには，真空管の出現が待たれたのです．

ダッデルの高周波発生装置

（4） 二極管と三極管

1883年，エジソンは点灯中の電球のフィラメントから電子が飛び出し，電球の一部が黒くなることを発見し，これをエジソン効果と名づけました．

1904年
二極管の発明
フレミング

1904年，フレミングは，エジソン効果からヒントを得て二極管をつくり，これを検波に利用しました．

■ 電気の歴史

**1907 年
三極管の発明
ド・フォレスト**

1907 年，アメリカのド・フォレストは，二極管の陽極と陰極の間に，グリッドとよばれるもう一つの電極を設けた三極管（オーディオン）を発明しました．

この三極管は信号電圧の増幅に使われるとともに，フィードバック回路を設けて高周波を安定的に発生させることもできるもので，画期的な回路素子ということができます．

三極管はさらに改良され，短波や超短波といった高周波を発生させることができるようになっていったのです．また，三極管は電子流を制御することができるという機能をもち，のちのブラウン管やオシロスコープの出現と密接な関係があります．

ド・フォレストと三極管

5　電池の歴史

1790 年，ガルバーニは蛙の解剖から「動物電気」を提唱し，それがきっかけになって，ボルタは，2 種類の金属を接触すると電気が発生することを明らかにしました．これが電池の起源であるといえるでしょう．

**1799 年
ボルタ電池の
発明
ボルタ**

1799 年，ボルタは銅と亜鉛の間に塩水を浸み込ませた紙を入れ，それを積み重ねた電池，「ボルタの電堆」をつくりました．"堆" という字は，うず高いという意味で，電堆は電池の小さな要素をうず高く積み重ねたものということです．

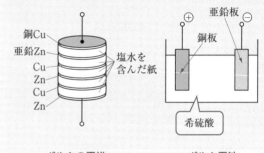

ボルタの電堆　　　ボルタ電池

（1）一次電池

一度放電してしまうと，再び使うことができない電池を一次電池といいます．ボルタはボルタの電堆を改良してボルタ電池をつくりました．

**1836 年
ダニエル電池の
開発
ダニエル**

1836 年，イギリスのダニエルは，素焼の筒の中に陽極と酸化剤を入れたダニエル電池を開発しました．ボルタ電池に比べて，電流を長時間取り出せるというものでした．

1868 年，フランスのルクランシェが，ルクランシェ電池を発表し，1885 年（明治 18 年）には，わが国の尾井先蔵が尾井乾電池を発明しました．尾井乾電池は電解液をスポンジに浸み込ませ，運搬を便利にした独特のものでした．

ダニエル電池

1917 年，フランスのフェリーは空気電池を，1940 年，アメリカのルーベンは水銀電池を発明しています．

(2) 二次電池

1859年
二次電池の発明
プランテ

　放電しつくしても充電することで再び使うことができる電池を二次電池といいます．1859年，フランスのプランテは，充電すれば何回でも使える鉛蓄電池を発明しました．これは二次電池として最初のもので，希硫酸の中に鉛の電極を入れるという仕組みでした．現在，自動車のバッテリーに使われているものと同じタイプです．

　1897年（明治30年），わが国の島津源蔵は，10アンペア時の容量をもつ鉛蓄電池を開発し，Genzo Simazu の頭文部をとり，GSバッテリーという商品名で販売しました．

　1899年，スウェーデンのユングナーはユングナー電池を，1905年，エジソンはエジソン電池をつくりました．これらの電池は，電解液に水酸化カリウムを用いており，後にアルカリ電池とよばれているものです．

　1948年，アメリカのニューマンは，ニッケルカドミウム電池を発明しました．これは充電ができる乾電池ということで画期的なものでした．

(3) 燃料電池

1939年
燃料電池の発明
グローブ

　1939年，イギリスのグローブは，酸素と水素の反応中に電気エネルギーが発生することを発見し，実験によって，燃料電池の可能性を明らかにしました．つまり，水を電気分解すると酸素と水素ができますが，この逆に，外部から陽極側に酸素，陰極側に水素を送って，電気エネルギーと水をつくるのです．

　グローブの研究は，実験段階で実用化されませんでしたが，1958年，ケンブリッジ大学（イギリス）で出力5kWの燃料電池がつくられました．

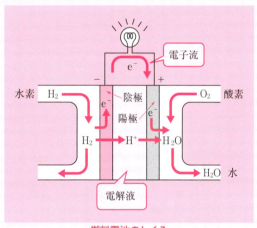

燃料電池のしくみ

　1965年，アメリカでGE社が燃料電池の開発に成功し，この電池が1965年の有人宇宙飛行船ジェミニ5号に搭載されて，飛行士の飲料水と飛行船の電気エネルギーとして利用されています．また，1969年の月面着陸船アポロ11号にも，船内用電源として燃料電池が使われました．

(4) 太陽電池

　1873年，ドイツのジーメンスは，セレンと白金線を用いた光電池を発明しました．このセレン光電池は，その後カメラの露出計に使われています．

　1954年，アメリカのシャピンは，シリコンを使った太陽電池を発明しました．このシリコン太陽電池は，pn接合された

人工衛星に使われていた太陽電池

■電気の歴史

1954年
太陽電池の発明
シャピン

シリコンに，太陽の光や電灯の光が当たると，電気エネルギーが発生するというものです．
　人工衛星やソーラーカー，あるいは時計や卓上計算機などに広く利用され，一層，変換効率の高い素子の開発が進められています．

6 照明の歴史

イギリスで起こった産業革命（1760年代）によって，工場で「ものをつくる」，いわゆる大量生産の時代になりました．そのため，夜間の照明が重要な要素になったのです．

1815年
アーク灯の発明
デービー

1815年，すでに述べたようにイギリスのデービーは，ボルタ電池をなんと2000個も使ってアークを発生させるという有名な実験を行っています．

ロンドンの投光照明（1848年）

（1） 白熱電球

1860年
スワン電球の発明
スワン

1860年，イギリスのスワンは，木綿糸を炭化したフィラメントを作り，これをガラス球に入れて，炭素線電球を発明しました．
　しかし，当時の真空技術では，フィラメントを加熱して長時間点灯させることはできませんでした．つまり，フィラメントがガラス球の中で酸化し，燃えてしまうのです．
　スワンが考えた白熱電球の原理は，現在の白熱電球の起源であり，その後のフィラメントの研究と真空技術の開発などが進んで，実用化に至ったことを考えると，スワンは，大きな発明を行ったといえます．
　1865年，シュプレンゲルは真空現象の研究のため，水銀真空ポンプを開発しました．これを知ったスワンは1878年，ガラス球内部

シュプレンゲルの真空ポンプ

スワンの電灯

の真空度を高め，さらにフィラメントとして木綿糸を硫酸で処理した後に炭化するなどの工夫をしたものを使って，スワンの電灯を発表しました．この白熱電球はパリ万国博覧会に出品されています．

1879年
白熱電球の発明
エジソン

1879年，アメリカのエジソンは，白熱電球を40時間以上点灯させることに成功しました．
　1880年，エジソンは白熱電球のフィラメントの材料として竹が優れていることを発見し，日本，中国，インドの竹を採集して実験を重ねました．
　エジソンは，部下のムーアを日本に派遣し，京都・八幡で良質の竹を求めさせ，約10年

にわたって八幡の竹でフィラメントを製造しました．その竹フィラメント電球の製造のため，1882年，ロンドンとニューヨークにエジソン電灯会社を設立しています．

1886年 東京電灯会社の設立

日本では，1886年（明治19年）に東京電灯会社ができ，明治22年から一般家庭に白熱電球が点灯され始めました．

1910年，アメリカのクーリッジは，フィラメントにタングステンを用いたタングステン電球を発明しました．

1913年，アメリカのラングミュアは，ガラス球の中にガスを封入し，フィラメントの蒸発を防止したガス入りタングステン電球を発明しました．

1925年，日本の不破橘三（ふわきつぞう）は，内面つや消し電球を発明しました．

1931年，日本の三浦順一は，2重コイルタングステン電球を発明しました．

以上のような経緯をたどって，白熱電球を利用した日常生活を営むことができたわけで，思えば長い道のりといえます．

フィラメントに竹の炭化物を使ったエジソン電球

（2） 放電ランプ

1902年 放電ランプの発明 ヒューイット

1902年，アメリカのヒューイットは，ガラス球内に水銀蒸気を入れ，アーク放電させた水銀ランプを発明しました．このランプは水銀蒸気の気圧が低いと紫外線を多く発するため，殺菌ランプとして使用されています．また，高圧になると強い光を発します．

現在，広場照明や道路照明に広く用いられている蛍光水銀ランプは，水銀のアーク放電による光と，紫外線がガラス球に塗った蛍光体に当たって発する光を混合した光を利用しています．

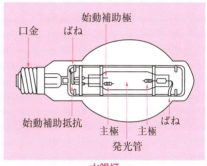

水銀灯

1932年，オランダのフィリップス社は，波長が590nmの単色光を発するナトリウムランプを開発しました．このランプは，自動車道のトンネル照明に広く用いられています．

1938年，アメリカのインマンは，現在，広く用いられている蛍光ランプを発明しました．このランプは，水銀アーク放電によって生じた紫外線をランプの内側に塗った蛍光体に当て，さまざまな光色を発光します．一般には，白色蛍光体がよく用いられています．

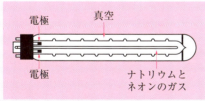

ナトリウムランプ

（3） 発光ダイオード

1962年 LEDの発明 ホロニアック

発光ダイオードは，半導体のpn接合を利用して，電子のもつエネルギーを光のエネルギーに変換して放出する発光素子であり，LED（light emitting diode）ともよばれています．LEDは，1962年にアメリカのホロニアックによって発明されました．当初は，赤色のみの

17

発光でしたが，1960年代後半に緑色が実用化されるなど，多色化，高輝度化が進みました．

一方，フルカラーや白色発光に必要な青色の高性能LEDの開発は容易なことではありませんでした．しかし，1980年代に赤崎勇と天野浩が青色LEDの実用化に必要ないくつかの技術開発に成功し，1993年中村修二が当時所属していた日亜化学工業が青色LEDの量産化を開始しました．これ以降，青色LEDに黄色蛍光体を加えた白色LEDランプの開発が飛躍的に進み，LEDを照明用として使用することが可能になりました．LEDは，高い発光効率，低消費電力，高寿命など多くの利点をもっていることから，一気に普及が進みました．

青色LEDに関する業績が評価された赤崎，天野，中村らは，2014年にノーベル物理学賞を受賞しました．

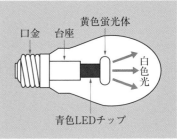

白色LEDランプ

7 電力機器の歴史

1820年，エルステッドの電流による磁気作用の発見は，電動機の起源といえるでしょう．また，1831年のファラデーによる電磁誘導の発見は，発電機や変圧器の起源といえます．

（1） 発電機

<small>1832年
発電機の発明
ピクシー</small>

1832年，フランスのピクシーは，手回し式の直流発電機を発明しました．これは永久磁石を回転して磁束を変化し，コイルに発生した誘導起電力を直流電圧として取り出すというものです．

1866年，ドイツのジーメンスは，自励式の直流発電機を発明しました．

1869年，ベルギーのグラムは，環状電機子をつくり，環状電機子形発電機を発明しました．この発電機は，水力によって回転子を回転させるもので，改良を重ね1874年には3.2kWの出力を得ています．

1882年，アメリカのゴードンは，二相方式による発電機で出力447kW，高さ3m，重さ22トンという巨大な発電機を製作しました．

アメリカのテスラは，エジソン社にいたころ，交流を開発しようとしていましたが，エジソンは直流方式に固執していたため，二相交流発電機と電動機の特許権をウェスティングハウス社に売りました．

二相方式によるゴードンの巨大な発電機

<small>1896年
交流送電の開始
テスラ</small>

1896年，テスラの二相方式は，ナイアガラ発電所で稼働し，出力3 750kW，5 000Vを40km離れたバッファロー市へ送電しています．

1889年，ウェスティングハウス社はオレゴン州に発電所を建設し，1892年15 000Vをピッツフィールに送電することに成功しました．

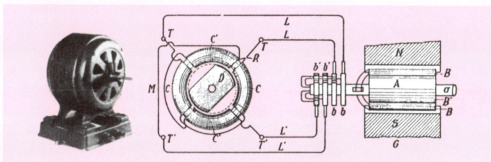

テスラの二相発電機と電動機（右は1888年のテスラの誘導電動機）

（2） 電動機

1834年，ロシアのヤコビが，電磁石による直流電動機を試作しました．1838年，電池320個の電源で電動機を回転させ，船を走らせました．また，アメリカのダベンポートやイギリスのデビドソンも直流電動機をつくり（1836年），印刷機の動力源としましたが，電源が電池であるため広く普及するということはありませんでした．

1887年，すでに述べたテスラの二相電動機は，誘導電動機として実用化が図られました．

1897年，ウェスティングハウスは誘導電動機を製作し，会社を設立して電動機の普及に努めました．

ウェスティングハウスの誘導電動機（1897）

1834年
電動機の発展
ヤコビ

（3） 変圧器

交流電力を送る場合，交流電圧を昇圧し，需要家が利用する場合，送られてきた交流電圧を降圧するのに変圧器は不可欠です．

1831年，ファラデーは磁気が電気に変換されることを発見し，これが変圧器を生むもとになりました．

1882年，イギリスのギブスは，「照明用，動力用電気配分方式」の特許を取得しています．これは開磁路式変圧器を配電用に利用するものでした．

ウェスティングハウスはギブスの変圧器を輸入して研究し，1885年には実用的な変圧器を開発しました．

また，その前年の1884年，イギリスのホプキンソンが閉磁路式の変圧器を製作しました．

1882年
変圧器の発明
ギブス

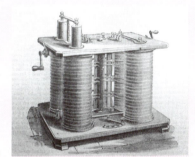

ゴラールとギブスの変圧器（1883）

（4） 電力機器と三相交流技術

二相交流は4本の電線を使うという技術でした．ドイツのドブロウォルスキーは，巻線を工夫し，角度を120°ずつ変えた三つの点から分岐線を出して三相交流を発生させまし

1891年
三相交流送電の開始
ドブロウォルスキー

ドリヴォ・ドブロウォルスキー

■ 電気の歴史

た．この三相交流による回転磁界を用いて，1889年，出力100Wの初の三相交流電動機を製作しました．

同年，ドブロウォルスキーは三相4線式交流結線方式を工夫し，1891年フランクフルトの送電実験（三相変圧器150VA）は見事に成功を収めたのです．

8 電子回路素子の歴史

現代はコンピュータを含めてエレクトロニクスが盛んな時代です．その背景は，電子回路素子が，真空管→トランジスタ→集積回路，の流れで進展したことと密接な関係があります．

（1）真空管

真空管は，二極管→三極管→四極管→五極管，の順で発明されました．

フレミングの
二極管

1904年
二極管の発明
フレミング

二極管：すでに述べましたが，エジソンは電球のフィラメントから電子が放出される「エジソン効果」を発見しました．1904年，イギリスのフレミングは，「エジソン効果」にヒントを得て二極管を発明しました．

1906年
三極管の発明
ド・フォレスト

三極管：1906年，アメリカのド・フォレストは，三極管を発明しました．当時は真空技術が未熟であったこともあり，三極管の製造はうまくいきませんでしたが，改良が重ねられている過程で，三極管に増幅作用があることがわかり，いよいよエレクトロニクス時代の幕開けとなったのです．

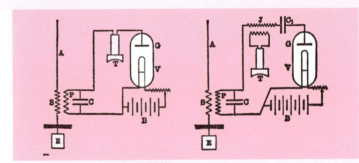

ド・フォレストの三極管

発振器は，すでに述べたマルコーニの火花装置から三極管によるものとなりました．三極管は三つの電極があり，プレートとカソードおよびその間に制御グリッドを設けるもので，カソードからの電子流をグリッドで制御するという構造でした．

1915年
四極管の発明
ラウンド

四極管：1915年，イギリスのラウンドは三極管のグリッドとプレートの間に，もう一つの電極（遮へいグリッド）を設け，プレートに流れる電子流の一部が制御グリッドに戻らないように工夫しました．

1927年
五極管の発明
ヨブスト

五極管：1927年，ドイツのヨブストは，四極管で電子流がプレートに衝突すると，プレートから二次電子が放出されるので，これを抑制するための抑制グリッドをプレートと遮へいグリッドの間に設けた五極管を発明しました．

以上のほかに，真空管の大きさを小さくして，超短波用に改良したエーコン管は，1934年アメリカのトンプソンが発明したものです．

また，真空管の容器をガラスではなく，金属製にしたメタル管（1935年），形状を小形にしたMT管（1939年）などが発明されました．

（2） トランジスタ

|1948年
トランジスタ
の発明
ショックレー
バーディーン
ブラッテン|

半導体素子には，トランジスタ（transistor）や集積回路（IC：integrated circuit）などがあります．第二次世界大戦後は，半導体技術の発達によって，エレクトロニクスのめざましい進展が見られました．

トランジスタは，アメリカのベル研究所で，ショックレー，バーディーン，ブラッテンによって1948年に発明されました．

このトランジスタは，不純物の少ないゲルマニウム半導体の表面に2本の金属針を接触させるという構造で，点接触形トランジスタとよばれます．

1949年，接合形トランジスタが開発され，実用化が一段と進みました．

1956年，半導体の表面に不純物原子を高温で浸透させて，p形やn形半導体を作る拡散法が開発され，1960年にはシリコン結晶を水素ガスとハロゲン化物ガス中に置いて半導体を作るエピタキシャル成長法が開発され，エピタキシャルプレーナ形トランジスタが作られました．

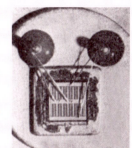

シリコン・パワートランジスタ

このような半導体技術の発展があって，集積回路が生まれました．

（3） 集積回路

1956年ごろ，イギリスのダマーは，トランジスタの原理から集積回路（IC）の出現を予想していました．

1958年ごろ，アメリカでもすべての回路素子を半導体で作り，集積回路化することが提案されています．

|1961年
ICの発明
テキサス・イン
スツルメンツ社|

1961年には，テキサスインスツルメンツ社は，集積回路の量産を始めました．

集積回路は，一つ一つの回路素子を接続するのではなく，一つの機能をもった回路を半導体結晶の中に埋め込んでしまうという考え方の素子ですから，小形化が図られ，接点が少ないために，信頼性が向上するというメリットをもっています．

集積回路は，年を追うごとにその集積度を増し，素子数100個までの小規模ICから，100〜1000個の中規模IC（MSI），1000〜100 000個の大規模IC

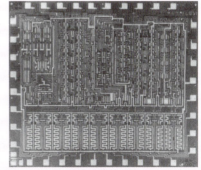

高密度集積回路

（LSI），100 000〜10 000 000個の超大規模IC（VLSI），10 000 000個以上の極超大規模IC（ULSI）の順に開発され，さまざまな装置に使われるようになりました．

資料

資料① ＜ブール代数の諸定理＞

名　称	公　式	名　称	公　式
公理	$1 + A = 1$ $0 \cdot A = 0$	交換の法則	$A + B = B + A$ $A \cdot B = B \cdot A$
恒等の法則	$0 + A = A$ $1 \cdot A = A$	結合の法則	$A + (B + C) = (A + B) + C$ $A \cdot (B \cdot C) = (A \cdot B) \cdot C$
同一の法則	$A + A = A$ $A \cdot A = A$	分配の法則	$A \cdot (B + C) = A \cdot B + A \cdot C$ $A + B \cdot C = (A + B) \cdot (A + C)$
補元の法則	$A + \overline{A} = 1$ $A \cdot \overline{A} = 0$	吸収の法則	$A \cdot (A + B) = A,\ A + A \cdot B = A$ $A + \overline{A} \cdot B = A + B,\ \overline{A} + A \cdot B = \overline{A} + B$
復元の法則	$\overline{\overline{A}} = A$	ド・モルガンの定理	$\overline{A + B} = \overline{A} \cdot \overline{B}$ $\overline{A \cdot B} = \overline{A} + \overline{B}$

資料② ＜各種フリップフロップの概要＞

名称	図記号（C_P：ネガティブエッジ）	真理値表			
RS (SR)	S, C_P, R / Q, $\overline{Q}$	S R	Q	$\overline{Q}$	動作
		0 0	Q	$\overline{Q}$	保持
		0 1	0	1	リセット
		1 0	1	0	セット
		1 1	不 定		禁 止
JK	J, C_P, K / Q, $\overline{Q}$	J K	Q	$\overline{Q}$	動作
		0 0	Q	$\overline{Q}$	保持
		0 1	0	1	リセット
		1 0	1	0	セット
		1 1	$\overline{Q}$	Q	反転
T	T, C_P / Q, $\overline{Q}$	T	Q	$\overline{Q}$	動作
		0	Q	$\overline{Q}$	保持
		1	$\overline{Q}$	Q	反転
D	D, C_P / Q, $\overline{Q}$	D	Q	$\overline{Q}$	動作
		0	0	1	リセット
		1	1	0	セット

第1章 論理代数

　ディジタル回路は，あいまいさが許されない0か1かのはっきりとした世界です．つまり，ルールに従っている限り，とても明解な世界といえます．0と1を使って表されるのは2進数です．したがって，ディジタル回路を理解するためには，まず2進数に慣れることが必要になります．

　この章の前半では，2進数の性質や扱い方，2進数と相性のよい16進数について学びます．私たちが，日常使っている10進数との関係も理解しましょう．また，ディジタル回路を学ぶ上で大切な基礎理論に，ブール代数やド・モルガンの定理などがあります．これらの理論を用いると，2進数の演算が簡単に扱えるようになります．

　この章の後半では，ブール代数やド・モルガンの定理などを使った2進数の演算，さらに，演算を表す論理式や，演算を視覚的に表現するベン図について学びます．理論や数式は苦手！と毛嫌いせずに，リラックスして気楽に学習を始めましょう．

1. 2 進数
2. 16 進数
3. 補　数
4. 論理演算
5. ベン図
6. ブール代数
7. ド・モルガンの定理

1 2進数

0と1の世界に慣れよう

1　2進数の考え方

2進数は，0，1と数え，次は桁上げして10になる数え方のことです．この時，10は「じゅう」とは読まずに「いち・ぜろ」と読みます．

進数を明確にするためには，以下のような表示方法などが使われます．

$(1011)_2$：2進数
$(127)_{16}$：16進数
　1011　：10進数はそのまま．
　　　　　必要に応じて$(\ )_{10}$を用いる．
　1011B：binary（2進数）の頭文字
　156H　：hexadecimal（16進数）の頭文字

表1　10進数と2進数

10進数	2進数
0	0
1	1
2	10
3	11
4	100
5	101
6	110
7	111
8	1000

表1に，10進数と2進数の対応を示します．

2　ビット

桁のことを**ビット**［bit］とよびます．例えば，1ビットは1桁のことですから，四角いマスが1個あると考えます．2進数の世界では数字は0と1の2個だけですから，このマスに入る数字は，0か1のどちらかしかありません．1ビットでは2通り，2ビットならマスが2個あると考えて4通りの情報（00，01，10，11）が表現できます．あるビット数で何通りの情報が表現できるかは，**図1**のようにして計算できます．

$2^{\text{ビット数}}$　（例）3ビット
　　　　$2^3 = 2 \times 2 \times 2 = 8$通り

図1　2進数での情報表現

8ビットを1バイト［byte］，1000バイトを1キロバイト［kB］，1000キロバイトを1メガバイト［MB］といいます．また，1024バイトを1キビバイト［KiB］，1024キビバイトを1メビバイト［MiB］とする単位もあります（144ページ参照）．

3 2進数の演算

2進数の簡単な計算を練習しましょう．基本的な演算方法は，10進数と同じですから，足し算をする時の桁上げに注意して計算しましょう（図2）．

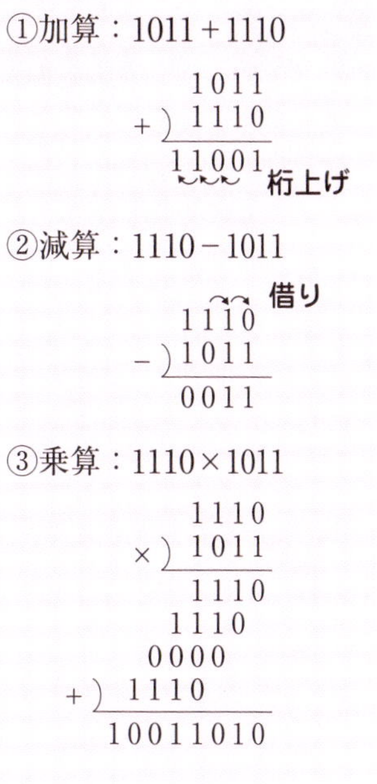

4 2進数から10進数へ

564という10進数を考えてみます．

$564 = 5 \times 10^2 + 6 \times 10^1 + 4 \times 10^0 = 500 + 60 + 4$

各桁の数字，この場合4，6，5という数に，桁ごとの重み10^0（一の位），10^1（十の位），10^2（百の位）を掛けています．

2進数を10進数に変換するには，この考え方を利用します．

例 $(1101)_2$ を10進数に変換する．

$(1101)_2 = 1 \times 2^3 + 1 \times 2^2 + 0 \times 2^1 + 1 \times 2^0 = 8 + 4 + 0 + 1 = 13$

このように，ある進数を他の進数に変換することを**基数変換**といいます．

5 10進数から2進数へ

次に，10進数を2進数に変換する方法を学びましょう．

例 564を2進数に変換する．

図3に示すように，564を2で割り，さらに答を次々に2で割っていきます．割った答が0になったところで，余り（0か1）を下から並べていったものが，2進数に変換された結果です．答は$(1000110100)_2$となります．

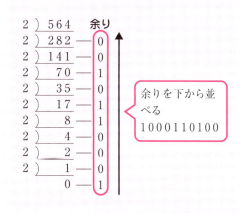

図2　2進数の演算

図3　10進数を2進数に変換

Let's review 1-1

次の2進数を10進数に，10進数を2進数に変換しなさい．

(1) $(10110)_2$

(2) $(11011110)_2$

(3) 367

2　16進数

相性がよい16進数と2進数

1　16進数の考え方

例えば，10進数の138は，2進数では10001010になります．138でこの長さですから，もっと大きい数の場合は，さらに0と1が並ぶことになります．もちろん，ディジタル回路では，この2進数が基本ですが，私たち人間にとっては，長い2進数表現はとても扱いにくいものです．間違いの原因にもなります．

一方，**16進数**というのは，長い2進数を簡潔に表現するのに適しています．そこで，コンピュータ回路などでは，16進数表示がよく使われます．

16進数では0から始まって，0，1，2，3・・・と16通りの数字が必要です．しかし，私達は最高9までの数字しか持ち合わせていません．そこで，9以降の数字の代用としてAからF（または，aからf）までのアルファベットを使用します．Fの次を数える場合には，桁上げをして10「いち・ぜろ」となります．

表1に，10進数，16進数，2進数の対応表を示します．

表1　各進数の対応

10進数	16進数	2進数
0	0	0
1	1	1
2	2	10
3	3	11
4	4	100
5	5	101
6	6	110
7	7	111
8	8	1000
9	9	1001
10	A	1010
11	B	1011
12	C	1100
13	D	1101
14	E	1110
15	F	1111
16	10	10000

2　16進数から10進数へ

16進数を10進数に変換するには，2進数を10進数に変換したのと同様の方法を使います．

例 16進数2A6Eを10進数に変換する．

$$(2\text{A}6\text{E})_{16} = 2 \times 16^3 + 10 \times 16^2 + 6 \times 16^1 + 14 \times 16^0$$
$$= 8\,192 + 2\,560 + 96 + 14 = 10\,862$$

各桁の重みを表す際に使用する基数が，2進数では2，16進数では16になることに注意してください．

3 10進数から16進数へ

10進数を2進数に変換する場合は，10進数を2で割って余りを並べていきました．10進数を16進数に変換する場合には，16で割って余りを並べていきます．

例 468を16進数に変換する（図1）．

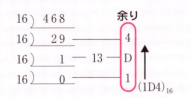

図1　10進数を16進数に変換

4 2進数と16進数

10進数を経由せず，2進数から16進数へ直接変換する方法があります．

10ビットの2進数1000110100を例にとります．一番重みの小さい（右側）ビットを**最下位ビット**（LSB：least significant bit），一番重みの大きい（左側）ビットを**最上位ビット**（MSB：most significant bit）といいます．

さて，図2（a）のように，2進数を最下位ビットから，4ビットごとに区切っていきます．上位には0を2個追加して，4ビットの区切りとします．

図（b）のように，区切った4ビットごとに次の重みを考えて16進数に変換していきます．

答は，$(234)_{16}$となります（図（c））．

逆に16進数を2進数に変換するには，16進数の各ビットを4ビットの2進数に変換していきます（図（d））．

4ビットの8，4，2，1の重みを組み合わせて2進数を作るのです（図（e））．

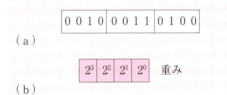

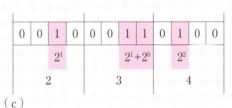

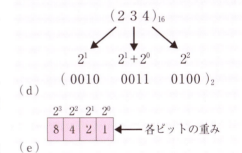

図2　2進数と16進数

Let's review 1-2

次の基数変換をしなさい．

(1) $(AD4)_{16}$ → 10進数

(2) 1023 → 16進数

(3) $(6B)_{16}$ → 2進数

(4) $(10111110111)_2$ → 16進数

3 補 数

負の数を表す方法

1 補 数

補数について学びましょう．2進数で扱う補数には「1の補数」と「2の補数」があります（図1）．補数を扱う場合は，あらかじめデータの桁数を決めておきます．

「1の補数」とは，例えば，4ビットの2進数 $B_3 B_2 B_1 B_0$ を考えると，

$$B_3 B_2 B_1 B_0 + X_3 X_2 X_1 X_0 = 1111$$

となるような $X_3 X_2 X_1 X_0$ のことをいいます．「1の補数」は，$B_3 B_2 B_1 B_0$ を否定することで求められます．否定とは，データが0なら1へ，1なら0へ反転することです．

例えば，2進数 0110 の「1の補数」は，1001 です（0110 + 1001 = 1111）．

次に，「2の補数」とは，たとえば，4ビットの2進数 $B_3 B_2 B_1 B_0$ を考えると，

$$B_3 B_2 B_1 B_0 + Y_3 Y_2 Y_1 Y_0 = 10000$$

となるような $Y_3 Y_2 Y_1 Y_0$ のことをいいます．「2の補数」は，$B_3 B_2 B_1 B_0$ を否定し1を加えることで求められます．つまり，「2の補数」は，「1の補数」に1を加えたものになります．

例えば，2進数 0110 の「2の補数」は，図1のように 1001（「1の補数」）＋ 1 ＝ 1010 です（0110 + 1010 = 10000）．

表1に，2進数の補数を示します．「2の補数」において，その値を変えずに桁を増やしたいときは，最上位ビットと同じ数値を上位に付け加えます．

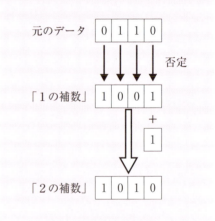

図1　2進数の補数の求め方

表1　2進数の補数

2進数	「1の補数」	「2の補数」
0000	1111	0000
0001	1110	1111
0010	1101	1110
0011	1100	1101
0100	1011	1100
0101	1010	1011
0110	1001	1010
0111	1000	1001
1000	0111	1000
1001	0110	0111

例：0011＝00011＝00000011
　　　1011＝11011＝11111011

ここで学んだ補数という考え方を使えば，引き算を足し算に変換できます．詳しくは，第4章の減算回路で学習します．

2 負の数の表し方

0と1しかない2進数の世界で，正の数と負の数を表す方法を学びましょう．

例えば，2進数の正の数＋1011を，01011で表します．

そして，負の数－1011を表すには，01011の「2の補数」を使って10101とします（図2(a)）．

このように，ディジタル回路では，「2の補数」を使って負の数を表すのが一般的です．

例 10進数の－45を，「2の補数」を用いて2進数（8ビット）で表示する．

＋45は，2進数では00101101です．

この数の「2の補数」を求めて，11010011が－45を表す2進数です（図(b)）．

「2の補数」を用いて負の数を表現すると，2進数nビットで表現できる数Nは次の式で求められます．

$$-2^{n-1} \leq N \leq 2^{n-1}-1$$

例えば，4ビットの2進数では，10進数の－8～＋7までの数値が表現できます．正の数が1少ないのは，0を表現するためです．

表2に，補数を用いた正負の数の表現例（4ビット）を示します．

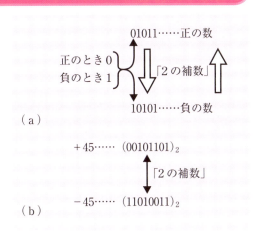

(a)

(b)

図2　補数を使った正の数と負の数

表2　補数を使った数値表現（4ビット）

10進数	2進数	10進数	2進数
＋7	0111	－1	1111
＋6	0110	－2	1110
＋5	0101	－3	1101
＋4	0100	－4	1100
＋3	0011	－5	1011
＋2	0010	－6	1010
＋1	0001	－7	1001
0	0000	－8	1000

Let's review 1-3

次の各問に答えなさい．

(1) 2進数11011101の「1の補数」と「2の補数」をそれぞれ8ビットで示しなさい．
(2) 10進数の－97を「2の補数」を用いて2進数（8ビット）で表現しなさい．
(3) 「2の補数」を用いて負の数を表現する場合，2進数16ビットで表現できる数の範囲を10進数で答えなさい．

第1章 論理代数

4 論理演算

真か偽かを考える
0と1の演算

1 論理学

　論理学とは，ある事柄(論理学では命題といいます)が正しい(真：true)か，正しくない(偽：false)かを論じる学問です．例えば，命題「硬貨は金属から作られる」は真ですが，命題「金属は硬貨を作るために存在する」は偽です．もう一つ例を挙げておきます．命題「ヒヨコは必ず卵から生まれる」は真ですが，命題「卵から生まれるものは必ずヒヨコである」は偽となります．

　論理学者で，かつ数学者だったイギリス人のジョルジュ・ブール (George Boole. 1815–1864) は，論理学を数学的に解析しようと論理代数の理論 (1847年) を考案しました．この論理代数は，**ブール代数** (Boolean algebra) とよばれ，命題をA，B，Cなどの変数に，真と偽を1と0に置き換えます．ブール代数は，電気回路のリレーの接点数を減らす計算などに応用されました．また，ディジタル回路の設計や解析にも有効なことから，現在でも広く利用されています．ブール代数の諸定理については後で説明しますが，ここでは論理演算の基礎を学びましょう．

　論理演算の基礎には，**論理和**，**論理積**，**論理否定**の3種類があります．

2 論理和

　2個の変数A，Bについての**論理和**

　F＝A＋B

を考えます．このような式を**論理式**といいます．2進数の世界での扱いですから，変数A，Bの値は，0か1のいずれかです．AとBを合わせて2ビットの変数なので，0と1の組合せは，$2^2 = 4$通りあります．2個の変数を，2枚の硬貨にして，0と1を硬貨の表と裏に置き換えて考えるとわかりやすいでしょう．それぞれの場合の，変数AとBの論理和Fを求めると，次のようになります．

　0 ＋ 0 ＝ 0
　0 ＋ 1 ＝ 1
　1 ＋ 0 ＝ 1
　1 ＋ 1 ＝ 1

論理和では，少なくとも変数の1個が1ならば，演算結果は1となります。

最後の計算に注意してください．論理演算では，一般の算術演算のように「1＋1＝2」とはなりません．

表1に，論理和の結果を示します．このような表を**真理値表**といいます．

論理和は，**OR**（オア）ともよばれます．

表1　論理和の真理値表

A	B	F
0	0	0
0	1	1
1	0	1
1	1	1

3 論理積

2個の変数A，Bについての**論理積**

F＝A・B

を考えます．変数AとBの論理積Fを求めると，次のようになります．

0・0＝0
0・1＝0
1・0＝0
1・1＝1

論理積では，すべての変数が1である場合だけ，演算結果が1となります．

論理積は，**AND**（アンド）ともよばれます．

表2に，論理積の真理値表を示します．

表2　論理積の真理値表

A	B	F
0	0	0
0	1	0
1	0	0
1	1	1

4 論理否定

変数Aについての**論理否定**

F＝$\overline{A}$　　（Aバーと読みます）

を考えます．0と1しか存在しない2進数の世界で，0を否定すれば1に，1を否定すれば0になります．

$\overline{0}$＝1　　$\overline{1}$＝0

論理否定は，**NOT**（ノット）ともよばれます．

表3に，論理否定の真理値表を示します．

表3　論理否定の真理値表

A	F
0	1
1	0

Let's review　1-4

次の2進数の演算を行いなさい．
(1) 論理演算（001）・（010）
(2) 算術演算（001）・（010）

5 ベン図

論理式を視覚的に表す方法を学ぼう

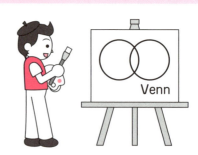

1 ベン図の基礎

ベン図（Venn diagram）は，論理式を図で表して，視覚的な理解を可能にする方法です．初めは，変数が一つのベン図から学習しましょう．図1に示すように，全体の領域を四角形で表し，変数Aの領域を円とアミで表します．

すると，図2のアミ部は$\overline{A}$を表すことになります．つまり，このベン図を用いることで，変数Aと$\overline{A}$の領域を表せます．

次は，2変数を扱うベン図を見てみましょう．図3に，2変数を扱うベン図を示します．

図4に，2変数のベン図のアミ部が表す論理式を示します．それぞれの違いを確認してください．

図1　1変数のベン図

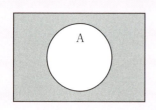

図2　$\overline{A}$を表すベン図

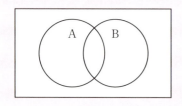

図3　2変数のベン図

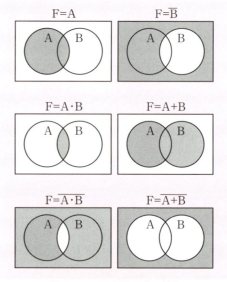

図4　ベン図と論理式の対応

5．ベン図

例（1）図5（a）に示すベン図のアミ部に対応する論理式を求める．

問題の領域は，図（b）のように，変数Aと変数$\overline{B}$の重なった部分なので，論理積（AND）と考えられます．

したがって，求める論理式は，

$$F = A \cdot \overline{B}$$

となります．

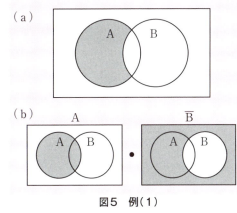

図5　例（1）

例（2）図6（a）に示すベン図のアミ部に対応する論理式を求める．

右側のアミ部分の論理式は，変数$\overline{A}$と変数Bの重なった部分なので，図（b）のような論理積（AND）と考えられます．

左側のアミ部分の論理式は，例（1）で求めたものと同じです．これら左右のアミ部分の論理和（OR）が答です．つまり，求める論理式は，

$$F = A \cdot \overline{B} + \overline{A} \cdot B$$

となります．

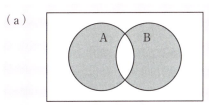

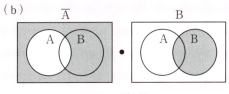

図6　例（2）

3変数のベン図も考え方は2変数のベン図と同じです．図7に，3変数を扱うベン図を示します．

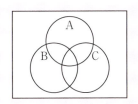

図7　3変数のベン図

Let's review 1-5

次のベン図のアミ部が表す論理式を求めなさい．

(1)　　　　　　　　　　　　　(2)

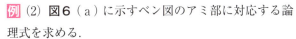

33

6 ブール代数

ブール代数の諸定理を学ぼう

1 ブール代数の諸定理

2進数を扱う論理式は，通常の算術式と必ずしも一致するとは限りません．次の例で確認してみましょう．

例 (1) 通常の算術式　　$A \cdot (A + B) = A^2 + A \cdot B$

例 (2) 論理式　　　　　$A \cdot (A + B) = A \cdot A + A \cdot B = A + A \cdot B = A \cdot (1 + B) = A$

論理式の例では，$A \cdot A = A$，$(1 + B) = 1$ という関係を使用しました．

このように，論理式は，通常の算術式よりも簡単化できることが多いのです．**表1** に，**ブール代数の諸定理**を示します．

難しそうに見えるかもしれませんが，恒等の法則($0 + A = A$，$1 \cdot A = A$)や交換の法則($A + B = B + A$，$A \cdot B = B \cdot A$)などは，私たちが普段使っている数学と同じです．

しかし，中には**ブール代数特有の定理**もありますから注意しましょう．

例 分配の法則

$A + B \cdot C = (A + B) \cdot (A + C)$ は，通常の数学では必ずしも成り立ちません．

表1　ブール代数の諸定理

名　称	公　式	名　称	公　式
公理	$1 + A = 1$ $0 \cdot A = 0$	交換の法則	$A + B = B + A$ $A \cdot B = B \cdot A$
恒等の法則	$0 + A = A$ $1 \cdot A = A$	結合の法則	$A + (B + C) = (A + B) + C$ $A \cdot (B \cdot C) = (A \cdot B) \cdot C$
同一の法則	$A + A = A$ $A \cdot A = A$	分配の法則	$A \cdot (B + C) = A \cdot B + A \cdot C$ $A + B \cdot C = (A + B) \cdot (A + C)$
補元の法則	$A + \overline{A} = 1$ $A \cdot \overline{A} = 0$	吸収の法則	$A \cdot (A + B) = A$，$A + A \cdot B = A$ $A + \overline{A} \cdot B = A + B$，$\overline{A} + A \cdot B = \overline{A} + B$
復元の法則	$\overline{\overline{A}} = A$	ド・モルガンの定理	$\overline{A + B} = \overline{A} \cdot \overline{B}$ $\overline{A \cdot B} = \overline{A} + \overline{B}$

2 論理式

ブール代数の諸定理を使って，論理式を簡単化する方法を練習しましょう．

例 (1) $F = A \cdot B + A \cdot \overline{B} + \overline{A} \cdot B$ を簡単化する．

$F = A \cdot (B + \overline{B}) + \overline{A} \cdot B$

ここで，$B + \overline{B} = 1$（補元の法則）より，

$F = A \cdot 1 + \overline{A} \cdot B = A + \overline{A} \cdot B$

ここで，（吸収の法則）より，

$F = A + B$

となり，与式は，AとBの単純な論理和(OR)に簡単化できました．

例 (2) $F = (A + B) \cdot (A + \overline{B}) \cdot (\overline{A} + B)$ を簡単化する．

$F = (A \cdot A + A \cdot \overline{B} + A \cdot B + B \cdot \overline{B}) \cdot (\overline{A} + B)$

ここで，$A \cdot A = A$（同一の法則）

$B \cdot \overline{B} = 0$（補元の法則）より，

$F = (A + A \cdot \overline{B} + A \cdot B) \cdot (\overline{A} + B) = A \cdot (1 + \overline{B} + B) \cdot (\overline{A} + B)$

ここで，$1 + \overline{B} + B = 1$（公理）より，$F = A \cdot (\overline{A} + B) = A \cdot \overline{A} + A \cdot B$

ここで，$A \cdot \overline{A} = 0$（補元の法則）より，$F = 0 + A \cdot B = A \cdot B$

となり，与式は，AとBの単純な論理積(AND)に簡単化できました．

3 ベン図による証明

前に学んだ**ベン図**を使って，ブール代数の定理を証明してみましょう．

例 (1) 吸収の法則 $A \cdot (A + B) = A$ をベン図により証明する（**図1**）．

例 (2) 吸収の法則 $A + \overline{A} \cdot B = A + B$ をベン図により証明する（**図2**）．

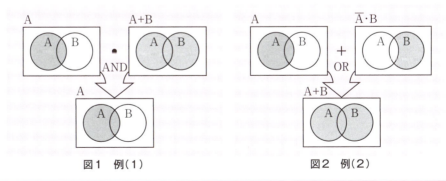

図1　例(1)　　　　　　　図2　例(2)

Let's review 1-6

次の論理式を簡単化しなさい．

$F = (A + \overline{B} + C) \cdot (A + B + \overline{C})$

第1章 論 理 代 数

7 ド・モルガンの定理

論理和を論理積へ
変換する方法を学ぼう

1 ド・モルガンの定理

ド・モルガンの定理 (de Morgan's theorem) は，論理和を論理積に，論理積を論理和に変換する定理です．

論理回路では，大変よく使う定理ですから，しっかりと理解しておきましょう．

ド・モルガンの定理

$$\overline{A+B}=\overline{A}\cdot\overline{B}$$

$$\overline{A\cdot B}=\overline{A}+\overline{B}$$

2 真理値表による証明

真理値表を用いて，ド・モルガンの定理を確認してみましょう．

表1　$\overline{A+B}=\overline{A}\cdot\overline{B}$

A	B	$\overline{A+B}$	$\overline{A}\cdot\overline{B}$
0	0	1	1
0	1	0	0
1	0	0	0
1	1	0	0

表2　$\overline{A\cdot B}=\overline{A}+\overline{B}$

A	B	$\overline{A\cdot B}$	$\overline{A}+\overline{B}$
0	0	1	1
0	1	1	1
1	0	1	1
1	1	0	0

3 ベン図による証明

ベン図を用いても，ド・モルガンの定理を証明することができます．前に学んだ，2変数のベン図を使用します．

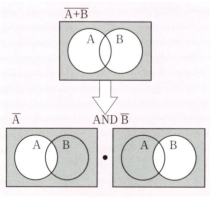

図1　$\overline{A+B}=\overline{A}\cdot\overline{B}$

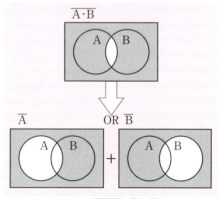

図2　$\overline{A\cdot B}=\overline{A}+\overline{B}$

4 論理式の簡単化

ド・モルガンの定理を用いた**論理式の簡単化**について練習しましょう．

例 (1) 論理式 $F = \overline{\overline{A} + \overline{\overline{B}}} + A$ を簡単化する．

$F = (\overline{\overline{A} + \overline{\overline{B}}}) + A$

ここで，$\overline{\overline{A} + \overline{\overline{B}}} = \overline{\overline{A}} \cdot \overline{\overline{\overline{B}}}$（ド・モルガンの定理）より，$F = (\overline{\overline{A}} \cdot \overline{\overline{\overline{B}}}) + A$

ここで，$\overline{\overline{B}} = B$（復元の法則）より，$F = (\overline{\overline{A}} \cdot B) + A = A + B$（吸収の法則）

つまり，$F = \overline{(\overline{A} + \overline{\overline{B}})} + A$ は，$F = A + B$ と簡単化できました．

例 (2) 論理式 $F = \overline{\overline{A} \cdot \overline{B} + A \cdot \overline{C}}$ を簡単化する．（ド・モルガンの定理）を用いて，

$F = \overline{\overline{A} \cdot \overline{B} + A \cdot \overline{C}} = \overline{(A \cdot \overline{B})} \cdot \overline{(A \cdot \overline{C})} = (\overline{A} + \overline{\overline{B}}) \cdot (\overline{A} + \overline{\overline{C}})$

ここで，（復元の法則）より，$F = (\overline{A} + B) \cdot (\overline{A} + C)$

ここで，（分配の法則）を用いて，$F = \overline{A} + B \cdot C$

つまり，$F = \overline{\overline{A} \cdot \overline{B} + A \cdot \overline{C}}$ は，$F = \overline{A} + B \cdot C$ と簡単化できました．

5 3変数でのド・モルガンの定理

変数が3個になった場合のド・モルガンの定理を考えてみましょう．

変数が増えても，基本となる考え方は2変数の場合と同じです．結合の法則を用いて（カッコを使って変数を2個にまとめて），ド・モルガンの定理を適用していきます．

例 論理式 $F = \overline{\overline{A} + \overline{B} + \overline{C}}$ を論理積の形に変換する．

（結合の法則）を用いて，$\overline{A} + \overline{B}$ をまとめて考えます．

$F = \overline{(\overline{A} + \overline{B}) + \overline{C}}$

ド・モルガンの定理より，$F = \overline{(\overline{A} + \overline{B})} \cdot \overline{\overline{C}}$

ここで，$\overline{\overline{C}} = C$（復元の法則）より，

$F = \overline{(\overline{A} + \overline{B})} \cdot C$

となり，ここで $F = \overline{(\overline{A} + \overline{B})}$ にド・モルガンの定理を適用します．

$F = (\overline{\overline{A}} \cdot \overline{\overline{B}}) \cdot C = A \cdot B \cdot C$

これで，論理積に変換できました．

Let's review 1-7

論理式 $F = \overline{\overline{A} \cdot \overline{B} \cdot \overline{C}}$ を，ド・モルガンの定理を用いて論理和の形式に変換しなさい．

なお，問題の結果を真理値表を使って確認しなさい．

A	B	C	$\overline{\overline{A} \cdot \overline{B} \cdot \overline{C}}$	$A+B+C$
0	0	0	0	0
0	0	1	1	1
0	1	0	1	1
0	1	1	1	1
1	0	0	1	1
1	0	1	1	1
1	1	0	1	1
1	1	1	1	1

章末問題1

1. 100000 バイトは，何キロバイトか．また，約何キビバイトか．
2. 次の2進数の算術演算を行いなさい．ただし，数値はすべて正の値とする．
   ① 1011＋0101　　② 1011－0101　　③ 1011×0101　　④ 1100÷0011
3. 次の2進数を10進数に，10進数を2進数に変換しなさい．
   ① $(10101100)_2$　　② $(111001001)_2$　　③ $(217)_{10}$　　④ $(1875)_{10}$
4. 次の16進数を，10進数および2進数に変換しなさい．ただし，数値はすべて正の値とする．
   ① $(5BC)_{16}$　　② $(AF9)_{16}$
5. 次の10進数を16進数に変換しなさい．
   ① $(581)_{10}$　　② $(1529)_{10}$
6. $(112)_{10}$ を，「2の補数」を用いた表現（8ビット）で示しなさい．
7. $(-112)_{10}$ を，「2の補数」を用いた表現（8ビット）で示しなさい．
8. 2進数データ A＝1001，B＝1100 について，次の論理演算を行いなさい．
   ① A・B　　② A＋B　　③ $\overline{A}$
9. 論理式 F＝(A＋$\overline{B}$)・C について，右の真理値表を完成させなさい．
10. 次の論理式が表すベン図の領域を示しなさい．
    ① F＝A・B・$\overline{C}$　　② F＝(A＋$\overline{B}$)・C
11. 次に示す吸収の法則を，他のブール代数の諸定理を用いて証明しなさい．
    A＋B＝A＋$\overline{A}$・B
12. 次の論理式をブール代数の諸定理を用いて簡単化しなさい．
    F＝$\overline{A＋B}$＋$\overline{\overline{A}＋B}$

A	B	C	F
0	0	0	
0	0	1	
0	1	0	
1	0	0	
1	0	1	
1	1	0	
1	1	1	

1章のまとめ

* 論理回路では，0，1からなる2進数を扱う．
* 2進数を10進数に変換する方法や10進数を2進数に変換する方法（基数変換）を学んだ．
* 2進数で，負の数を表すには，「2の補数」が使われる．
* 「1の補数」は論理否定で，「2の補数」は「1の補数」に1を加算すれば求められる．
* 基本的な論理演算には，論理和，論理積，論理否定がある．
* ベン図を用いると，論理式を視覚的に表すことができる．
* ブール代数やド・モルガンの定理を学んだ．

第2章 論理回路

　実際のディジタル回路は，ゲートとよばれる IC を用いて構成されています．この章のねらいは，ゲートを用いて，目的のディジタル回路を設計する手法をマスターすることです．

　同じ働きをするディジタル回路であっても，設計によっては，何通りもの回路構成が考えられます．できるだけシンプルな回路を設計することが必要です．ブール代数の諸定理を使えば，論理式を簡単化できることは，前に学びました．

　この章の前半では，ベイチ図を使った論理式の簡単化について学習し，次に，OR，AND，NOT などのゲート素子について学習します．

　章の後半では，実際にゲート素子を用いた論理回路の設計方法について学びます．説明する手順どおりに作業を進めていけば，論理回路設計の基礎が身に付くはずです．

　さあ，前の章で学んだ基礎知識を土台にして，次の段階へ進みましょう．

1．ベイチ図1
2．ベイチ図2
3．ゲート回路1
4．ゲート回路2
5．論理回路の設計手順
6．論理回路の設計1
7．論理回路の設計2

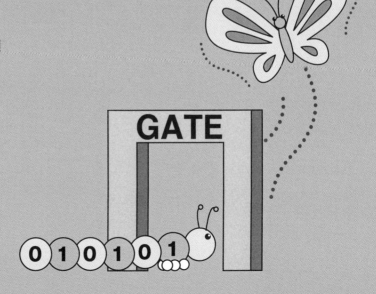

第2章 論理回路

1 ベイチ図 1

ベイチ図を使うと論理式を簡単化できる

ベイチ図（Veitch map）です．よろしく！

1 2変数のベイチ図

ベイチ図は，ベン図のように論理式を視覚的に表現する方法です．ベン図では，扱う変数が多くなると，図形が入り組んでしまい，扱いが面倒になってしまいます．

一方，ベイチ図の場合は，変数が4個までなら容易に扱うことが可能です．変数が2個の場合でも，変数が3個以上になっても，扱い方の基本は同じです．変数が2個のときには，**図1**に示すベイチ図を使います．また，ベイチ図と同様に使える**カルノー図**（43ページ参照）とよばれる表現もあります．

ベイチ図では，範囲を表すのにループを用います．**図2**に，ベイチ図と論理式の対応を示します．

また，ベイチ図でA+BやA・Bなどを表す場合には，**図3**に示すように書きます．**例** $F=\overline{A} \cdot B$の範囲をベイチ図で表す（**図4**）．

図1　2変数のベイチ図

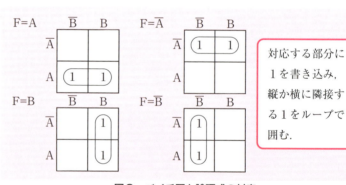

対応する部分に1を書き込み，縦か横に隣接する1をループで囲む．

図2　ベイチ図と論理式の対応

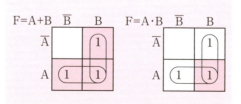

図3　ベイチ図の例

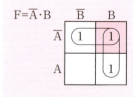

図4　例

2 加法標準形と乗法標準形

$\overline{A} \cdot B$ や $\overline{A} \cdot B$ のような論理積を**単純積**とよびます．単純積が論理和の形で表されている論理式を**加法標準形**といいます．

●加法標準形の論理式

F= 単純積 + 単純積 +‥‥+ 単純積

例 $F=\overline{A} \cdot \overline{B}+\overline{A} \cdot B+A \cdot B$

また，A+B+C や $\overline{A}+B+\overline{C}$ のような**単純和**が論理積の形で表された論理式を**乗法標準形**といいます．

●乗法標準形の論理式

F= 単純和 ・ 単純和 ‥‥・ 単純和

例 $F=(A+B+C) \cdot (\overline{A}+B+\overline{C}) \cdot (\overline{A}+\overline{B}+\overline{C})$

ベイチ図で簡単化する論理式は，加法標準形で表されていることが原則です．もし加法標準形でない論理式があった場合には，**加法標準形に変形**してからベイチ図を利用することになります．

3 論理式の簡単化

ベイチ図を使って，論理式を**簡単化**する手順は次のようになります．

●ベイチ図による論理式簡単化の手順

① 論理式を加法標準形にする．
② 論理式の単純積に対応するベイチ図の領域に1を書き込む．
③ 縦か横に隣接する1の書き込まれた領域をループで囲む．
④ ループで示された領域を読み取る．

例 ベイチ図を使って次の論理式を簡単化する．

$F=\overline{A} \cdot \overline{B}+\overline{B} \cdot (A+B)$

① 加法標準形に変形する．

$F=\overline{A} \cdot \overline{B}+A \cdot \overline{B}+\overline{B} \cdot B=\overline{A} \cdot \overline{B}+A \cdot \overline{B}$

② ベイチ図の対応する領域に1を書き込む(**図5**)．
③ 縦か横に隣接する1の領域をループで囲む．
④ ループで示された領域を読み取る．

したがって，$F=\overline{B}$ と簡単化できました．

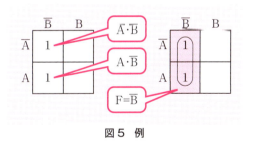

図5 例

Let's review 2-1

次の論理式を，簡単化できるかどうか確認しなさい．

$F=\overline{A} \cdot B + A \cdot \overline{B}$

2 ベイチ図 2

3変数のベイチ図を理解しよう

1　3変数のベイチ図

3個の変数を扱うベイチ図について学びましょう．図1に，3変数のベイチ図を示します．

$\overline{B}$ が上下に離れて配置されていますが，ベイチ図を使うときには，上下の $\overline{B}$ の領域は隣あっていると考えて扱います（図2）．

図3に，3変数のベイチ図と論理式の対応を示します．

例えば，A＋B や B・C を表す場合には，図4に示すようになります．

図1　3変数のベイチ図

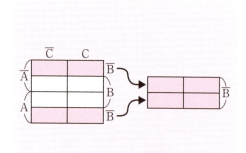

図2　$\overline{B}$ の領域

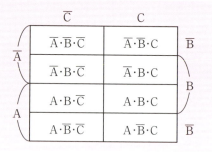

図3　ベイチ図と論理式の対応

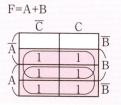
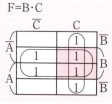

図4　ベイチ図の例

対応する部分に1を書き込み，縦か横に隣接する1をループで囲む．

例 3変数のベイチ図を使って，分配の法則を証明する（図5，図6）．

① $A \cdot (B+C) = A \cdot B + A \cdot C$
② $A + B \cdot C = (A+B) \cdot (A+C)$

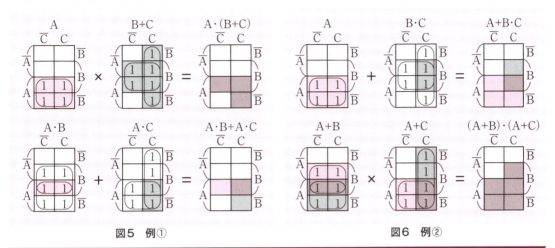

図5 例①　　　　　図6 例②

2 論理式の簡単化

ベイチ図を使って，3変数の論理式を簡単化してみましょう．

例 ベイチ図を使って，次の論理式を簡単化する．

$F = A \cdot B \cdot \overline{C} + A \cdot \overline{B} \cdot C + A \cdot B \cdot C + A \cdot \overline{B} \cdot \overline{C}$

論理式は加法標準形で与えられているので，このままベイチ図の対応する領域に1を書き込みます（図7）．

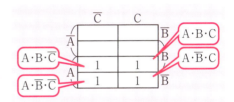

図7　1を書き込む

1が隣り合った領域をループで囲み，その領域を読み取ります（図8）．

したがって，$F=A$ と簡単化できました．3変数のベイチ図において，1つのループで囲める1の数は，1，2，4，8個のいずれかです．

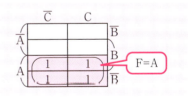

図8　ループで囲む

Let's review 2-2

4変数を扱うベイチ図を示しなさい．

応用 4変数のカルノー図を右に示します．
使い方は，ベイチ図と同じです．

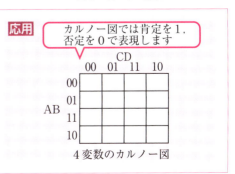

4変数のカルノー図

3 ゲート回路 1

ゲートは，信号の通る門

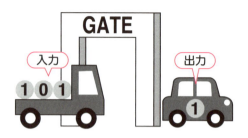

1 ゲート回路

　ディジタル回路を構成する基本要素は，**ゲート**（gate）です．ゲートは，入力されたデータによって出力データが決まる論理回路です．ディジタル信号は0か1ですから，ゲート回路の入出力データも0か1のどちらかです．

　基本的なゲート回路は，**OR**（オア），**AND**（アンド），**NOT**（ノット）の3種類です．どんなに複雑そうに見えるディジタル回路でも，細かく分割して考えれば，結局はこれら3種類のゲートから成り立っていると考えられます．

2 OR回路

　図1に，OR回路の図記号と真理値表を示します．
　OR回路は，入力されたデータの論理和（F=A+B）を出力します．
　OR回路をスイッチ回路に例えると，図2のようになります．A，Bの少なくともどちらか1個のスイッチをON（1）にすれば，ランプが点灯（1）します．
　OR回路の出力はいつも1本ですが，入力は3本以上のものがあります（図3）．
　入力の数が増えた場合でも，それらの論理和が出力されるという点は同じです．

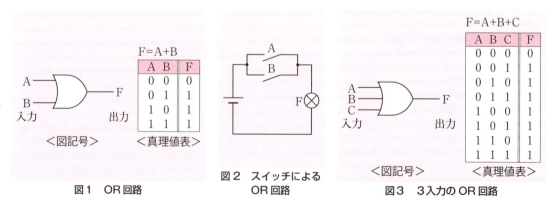

図1　OR回路　　図2　スイッチによるOR回路　　図3　3入力のOR回路

3 AND回路

図4に，AND回路の図記号と真理値表を示します．

AND回路は，入力されたデータの論理積（F=A・B）を出力します．AND回路をスイッチ回路に例えると図5のようになります．すべてのスイッチをON（1）にすれば，ランプが点灯（1）します．多入力のAND回路もあります．

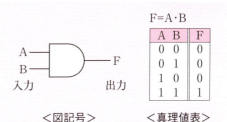

図4　AND回路

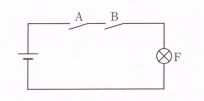

図5　スイッチによるAND回路

4 NOT回路

図6に，NOT回路の図記号と真理値表を示します．NOT回路は，入力されたデータの論理否定（F=$\overline{A}$）を出力します．

NOT回路をスイッチ回路に例えると図7のようになります．ブレーク接点のスイッチをON（1）にすれば，接点が開いてランプが消灯（0）します．NOT回路では，いつも，入力・出力数ともに各1本です．NOT回路は，インバータとよばれることがあります．

ゲート回路の実験については，168ページを参照してください．

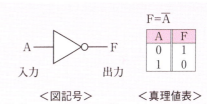

図6　NOT回路

図7　スイッチによるNOT回路

Let's review 2-3

次のディジタル回路の論理式と真理値表を書きなさい．

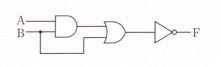

4 ゲート回路 2

ゲート回路の理解を深めよう

1 NOR 回路

基本的な 3 種類のゲート回路（OR，AND，NOT）については，前に学びました．ここでは，その他のゲート回路について学びましょう．

図 1 に，NOR（ノア）回路の図記号と真理値表を示します．**NOR 回路**は OR の出力を論理否定（NOT）した回路（$F=\overline{A+B}$）と同じ働きをします．

NOR 回路には，図 2 に示すように多入力のものがあります．

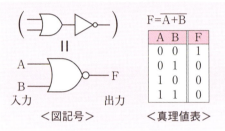

図1　NOR 回路

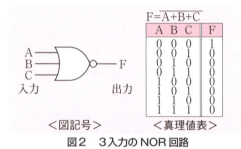

図2　3入力の NOR 回路

2 NAND 回路

図 3 に，NAND（ナンド）回路の図記号と真理値表を示します．**NAND 回路**は，AND の出力を論理否定（NOT）した回路（$F=\overline{A \cdot B}$）と同じ働きをします．

NAND 回路にも，AND 回路や NOR 回路のように多入力のものがあります．

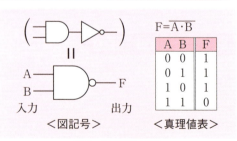

図3　NAND 回路

3 バッファ回路

図4に,バッファ(buffer)回路の図記号と真理値表を示します.

真理値表を見る限りでは,バッファ回路は,入力をそのまま出力(F=A)しています.従って,論理的には何もしない回路ということができます.バッファ回路の使用方法については,第3章(63, 67ページ)で学びます.

バッファ回路は,図5に示すように,NOT回路を2個直列にして構成する(復元の法則)こともできます.

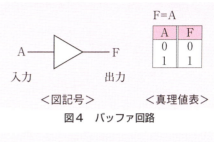

図4 バッファ回路

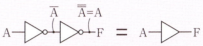

図5 NOTによるバッファ回路の構成

4 EX-OR

図6に,EX-OR(イクスクルーシブオア)回路の図記号と真理値表を示します.

EX-OR回路は**排他的論理和**とよばれ,論理式は,$F=\overline{A}\cdot B+A\cdot\overline{B}$となります.つまり,入力Aと入力Bが異なるときに出力Fが1となります.

EX-OR回路とNOT回路を組み合わせたものが,**EX-NOR**(イクスクルーシブ・ノア)回路です(図7).

実際に,ディジタル回路を構成するには,市販のゲートICを使います.例えば,74AC08という型番のICには,2入力のAND回路が4個入っています(図8).

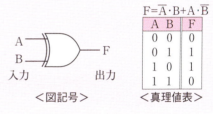

図6 EX-OR回路

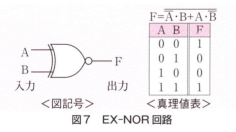

図7 EX-NOR回路

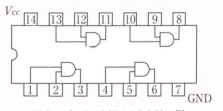

図8 ゲートIC(74AC08)の例

Let's review 2-4

NOT回路を,○記号に置き換えて表記しなさい.

5 論理回路の設計手順

論理回路設計の流れを学ぼう

1 論理回路設計の心得

論理回路を設計するには，対象となる問題を分析して，問題の中にある規則性を見つけることから始めます．規則性が見つかれば，それを論理式で表して回路を構成していきます．

同じ働きをする論理回路であっても，その構成は1種類だけとは限りません．いろいろな回路構成が考えられます．したがって，対象となる問題が正しく処理できる回路をより簡単な構成で設計することが重要です．そのためには，これまで学んできた論理式やブール代数，ベイチ図などの基本知識を利用することが必要となります．

なお，論理回路とディジタル回路は，同じ意味で使われることが多く，本書でも，両者を特に区別せずに使用しています．

2 論理回路設計の手順

図1に，論理回路設計の手順を示します．

●論理回路設計の手順
① 対象とする問題をよく考えて，対応する真理値表を作ります．
② 真理値表から論理式（加法標準形，または乗法標準形）を求めます．
③ 論理式を，ベイチ図などを使って，簡単化します．
④ 論理式から論理回路を構成します．

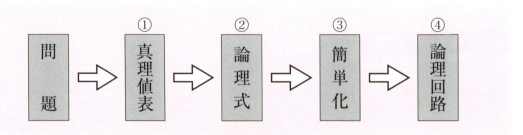

図1　論理回路設計の手順

それでは，論理回路設計の個々の段階についての具体例を見てみましょう．

① **対象とする問題をよく考えて，対応する真理値表を作る．**

初めから，真理値表が与えられているとは限りません．真理値表を自分で作らなければならないことがあります．

例 次の問題を真理値表にする（図2）．

二人の友人がサッカーの観戦を考えている．観戦は，二人ともが賛成した場合にのみ行うことにした．ただし，雨が降った場合には，観戦は中止とする．

② **真理値表から論理式を求める．**

真理値表が決まれば，機械的に論理式を導くことができます．この方法については，次の節で説明します．

③ **論理式を，ベイチ図などを使って簡単化する．**

上記②で求めた論理式をそのまま用いて構成した回路は，いつも最適だとは限りません．これまでに学んだブール代数やベイチ図を用いて，論理式の簡単化を検討します．

例 ある真理値表から求めた次の論理式を簡単化する．　$F = A \cdot B + A \cdot \overline{B} + \overline{A} \cdot B$

求めた論理式を，そのまま論理回路にすると，図3のようになります．

この論理式は，ベイチ図を使って，$F = A + B$ と簡単化できます（図4）．

④ **論理式から論理回路を構成する．**

簡単化した論理式を使えば，同じ動作をする，より簡単な論理回路を構成することができます．

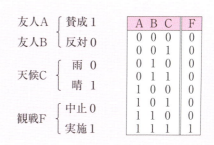

図2　真理値表を作る

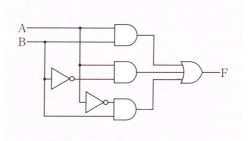

図3　$F = A \cdot B + A \cdot \overline{B} + \overline{A} \cdot B$

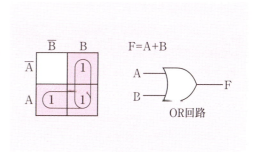

図4　論理式の簡単化

Let's review 2-5

2進数を示す3個の変数A，B，Cのデータを2進数のまま算術加算した答の下1桁のデータを出力する回路がある．この回路を真理値表で表しなさい．

第2章 論理回路

6 論理回路の設計1

真理値表から論理式を得る方法を学ぼう

1 真理値表から論理式を求める

真理値表から論理式を求める方法を学びましょう．前に学んだ論理回路設計の手順では，「②真理値表から論理式（加法標準形または乗法標準形）を求める」の部分に該当します（図1）．

求める論理式は，加法標準形か乗法標準形のどちらかを選ぶことができます．

● **加法標準形の論理式**

   F＝ 単純積 ＋ 単純積 ＋ …… ＋ 単純積

   例 $F = \overline{A} \cdot \overline{B} + \overline{A} \cdot B + A \cdot B$

● **乗法標準形の論理式**

   F＝ 単純和 ・ 単純和 …… ・ 単純和

   例 $F = (A+B+C) \cdot (\overline{A}+B+\overline{C}) \cdot (\overline{A}+\overline{B}+\overline{C})$

図1　論理式を求める

2 加法標準形の論理式

表1の真理値表から加法標準形の論理式を求める方法を説明します（図2）．

① 出力Fが1になっているところに注目します．

② 注目したところの入力について単純積を作ります．入力が0なら論理否定，1なら論理肯定です．

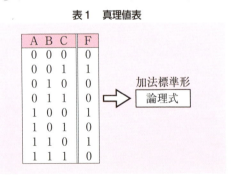

表1　真理値表

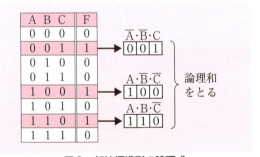

図2　加法標準形の論理式

50　絵とき ディジタル回路入門早わかり（改訂2版）

③ 求めたすべての単純積の論理和をとります．
F=$\overline{A}\cdot\overline{B}\cdot C+A\cdot\overline{B}\cdot\overline{C}+A\cdot B\cdot\overline{C}$

これで，真理値表が加法標準形の論理式で表されました．

● **論理式を簡単化します．**

ベイチ図を用いて論理式を簡単化した後，真理値表を書いてみると間違いがないことが確認できます（図3）．

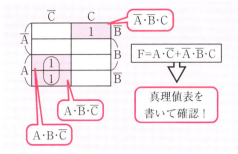

図3　論理式の確認

3　乗法標準形の論理式

表2の真理値表から乗法標準形の論理式を求める方法を説明します．

① 加法標準形の論理式を求める際には，出力Fが1になっているところに注目して単純積を考えましたが，ここでは出力Fが0になっているところに注目します．

② 入力が0なら論理肯定，1なら論理否定と考えて単純和を求めます．

③ 求めたすべての単純和の論理積をとれば，乗法標準形の論理式が得られます（図4）．
F=$(A+B+C)\cdot(A+B+\overline{C})\cdot(\overline{A}+B+\overline{C})$

乗法標準形は加法標準形に比べて論理式の簡単化が面倒です．また，ベイチ図を使って論理式を簡単化するときには，加法標準形を用いるのが一般的です．

したがって，実際には加法標準形の論理式がよく使われます．

表2　真理値表

A B C	F
0 0 0	0
0 0 1	0
0 1 0	1
0 1 1	1
1 0 0	1
1 0 1	0
1 1 0	1
1 1 1	1

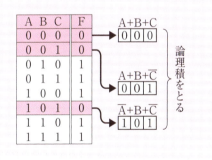

図4　乗法標準形の論理式

Let's review 2-6

次の真理値表から，加法標準形の論理式を求めなさい．また，求めた論理式を簡単化しなさい．

（ヒント：簡単化には，ベイチ図を用いるとよい）

A B C	F
0 0 0	1
0 0 1	1
0 1 0	0
0 1 1	0
1 0 0	0
1 0 1	0
1 1 0	1
1 1 1	0

7 論理回路の設計 2

実際の論理回路を設計しよう

道具はそろった．準備はOK！

真理値表
論理式
ベイチ図
ブール代数
ゲート回路

1 問題からの論理回路設計

論理回路設計の手順を復習します．

●論理回路設計の手順

① 対象とする問題をよく考えて，対応する真理値表を作る．

② 真理値表から論理式（加法標準形または乗法標準形）を求める．

③ 論理式を，ベイチ図などを使って，簡単化する．

④ 論理式から論理回路を構成する．

次に，実際の問題から論理回路を設計してみましょう．上記の手順どおりに進めていきます．

例 3人のうち2人以上が賛成したときに合格と判定する審査がある（**図1**）．この審査を論理回路で表す．

① 問題から真理値表を作る（**図2**）．

各審査員A，B，Cの意見を，賛成＝1，反対＝0とし，判定結果Fは，合格＝1，不合格＝0と考える．

図1 審査と判定

図2 真理値表

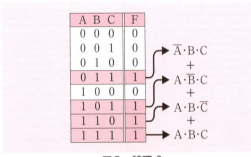

図3 論理式

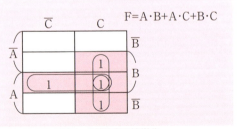

図4 論理式を簡単化

② 論理式を求める（図3）．

出力Fが1のところに注目して，加法標準形の論理式を求める．

③ 論理式を簡単化する（図4）．

ベイチ図を用いて，論理式が簡単化できるかどうか検討する．

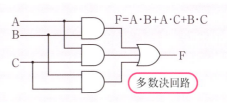

図5　多数決回路

④ 簡単化した論理式から，論理回路を構成する．この回路は，**多数決回路**ともよばれています（**図5**）．

ディジタル回路はアナログ回路と違って面倒な調整箇所がないので，理論どおりに構成すれば大抵はきちんと動作します．設計の際には，論理式の簡単化を十分検討してから回路を構成しましょう．同じ働きをする回路でも，論理式が簡単化されていないと多くの部品を使うことになってしまいます．

2　ゲートICの種類

論理回路の設計では，ゲートICの種類に注意する必要があります．例えば，次の論理式で表される論理回路を構成する場合を考えてみましょう．

$F = A \cdot B + C$

この回路を，そのまま素直に構成すると，図6のようになります．回路を組み立てるときには，ANDとORのゲートIC各1個，計2個が必要になります．

一方，この論理式をド・モルガンの定理を使って次のように変形します．

$F = A \cdot B + C = \overline{\overline{A \cdot B} \cdot \overline{C}}$

するとこの回路は，NAND回路だけでも構成できることがわかります（図7）．

1個のNANDゲートIC（例えば74AC00）には4個のNAND回路が入っています．つまり，変形後の回路なら，ゲートIC 1個で同じ働きをさせることができます．

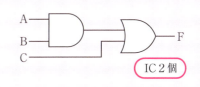

図6　構成した論理回路

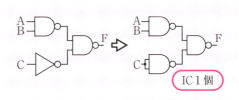

図7　NAND回路による構成

Let's review 2-7

次の真理値表に対応するディジタル回路を設計しなさい．

A	B	C	F
0	0	0	0
0	0	1	0
0	1	0	1
0	1	1	1
1	0	0	1
1	0	1	0
1	1	0	1
1	1	1	0

第2章 論理回路

章末問題2

1. 次の論理式を加法標準形に変形しなさい．
   ① F=A·$\overline{B}$+B   ② F=A·$\overline{B}$·C+A·$\overline{C}$

2. 次の論理式をベイチ図によって簡単化できるかどうか確認しなさい．
   ① F=A·B+$\overline{A}$·$\overline{B}$ ② F=A·B+$\overline{A}$·B+A·$\overline{B}$

3. 右に示す3変数のベイチ図を読み取って論理式を書きなさい．

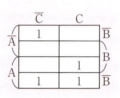
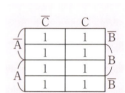

4. 次の論理式をベイチ図により簡単化できるかどうか確認しなさい．
   ① F=A·$\overline{B}$·C+A·B·C+$\overline{A}$·B   ② F=A·$\overline{B}$+$\overline{A}$·$\overline{B}$·$\overline{C}$+A·C

5. 右に示す4変数のベイチ図を読み取って論理式を書きなさい．

6. 2入力のEX-ORを表すスイッチ回路を書きなさい．

7. 次に示すEX-NORの論理式の変形を行いなさい．ブール代数の諸定理を用いること．
   F=$\overline{\overline{A}·B+A·\overline{B}}$=A·B+$\overline{A}$·$\overline{B}$

8. 右に示す真理値表について，①～③の問に答えなさい．
   ① 加法標準形の論理式Fを導出しなさい．
   ② 得られた加法標準形の論理式Fをベイチ図によって簡単化しなさい．
   ③ 簡単化した論理式を用いて，回路図を描きなさい．

A	B	C	F
0	0	0	1
0	0	1	0
0	1	0	1
0	1	1	0
1	0	0	0
1	0	1	1
1	1	0	1
1	1	1	0

2章のまとめ

* ベイチ図を用いた論理式の簡単化について学んだ．
* ゲート回路について学んだ．
* 真理値表から論理式(加法標準形，乗法標準形)を求める方法を学んだ．
* 論理回路の設計手順について学んだ．

  問題 → 真理値表 → 論理式 → 簡単化 → 論理回路

* ド・モルガンの定理を使った，ゲート回路の変換について学んだ．

第3章

ディジタル IC

　この章の前半では，TTL（transistor transistor logic）と CMOS（complementary metal oxide semiconductor）の違い，ディジタル IC の取り扱い方，IC の入出力ピンに流れる電流などについて学びます．

　ディジタル IC には，TTL と CMOS がありますが，現代の主流は CMOS です．両者は，構造や電気的特性が異なるので，それぞれの特徴をよく理解しましょう．どんなに高性能な IC でも，使い方を間違えて壊してしまったのでは意味がありません．正しい使い方をマスターして，IC の性能を十分に引き出しましょう．

　章の後半では，TTL と CMOS を接続するインタフェースについて学びます．また，実際に回路を構成する場合には，規格表を見てピン配置を調べ，IC の特徴をチェックしなければならないことがあります．そこで，IC 規格表の見方についても学びます．

　この章で，ディジタル IC を使いこなすための基礎を学習しましょう．

1. TTL と CMOS
2. IC の取り扱い1
3. IC の取り扱い2
4. ファンアウト
5. インタフェース1
6. インタフェース2
7. 規格表の見方

1 TTL と CMOS

ディジタル IC には，2種類のタイプがある

1　TTL と CMOS の構造

　ディジタル IC には，主として TTL と CMOS の2種類の型があります．例えば，AND の働きをするゲート IC にも 2 種類があるのです．これらの IC は，構造や電気的な特性が異なります．それぞれの特徴を理解して使用することが大切です．

　TTL は，図1（a）に示すように，NPN 形トランジスタを中心に作られており，**バイポーラ型**ともよばれます．

　一方，CMOS は，図1（b）に示すように，FET（電界効果トランジスタ）を使って作られており，**ユニポーラ型**ともよばれます．

　CMOS のほうが部品数が少なく回路が簡単なので構造的に集積化しやすく作りやすいのです．しかし性能面で比較するとそれぞれに長所短所があります．

　近年では，TTL と CMOS を組み合わせた BiCMOS とよばれる高性能な IC も開発されています．

　図1に示すように，NAND 回路を基本にすれば，OR，AND，NOT など，他のゲート回路を構成することができます（図2）．

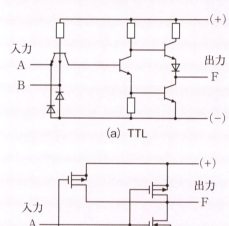

図1　ゲート IC の構造（NAND）

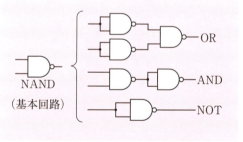

図2　NAND はゲート回路の基本

2 電気的特性

表1に，TTLとCMOSの特性比較例を示します．

CMOSの入力抵抗は高く，入力端子に約5pF程度の静電容量が存在するのが特徴です．

伝搬遅延時間とは，ゲート回路の入力端子に信号が入ってから，出力端子に信号が出るまでの時間です．

以前は，CMOSの伝搬遅延時間が遅かったのですが，改良が進んだ結果，昔のTTLより高速に動作する実用的なCMOSが数多く開発されました．このため，現在ではCMOSがディジタルICの主流として採用されています．

TTLとCMOSの実験については，170ページを参照してください．

表1 TTL対CMOSの比較例

項　目	TTL	CMOS
入力抵抗	低い	高い
動作電圧	5V	2〜6V
伝搬遅延時間	4〜12ns	5〜14ns
入力ピンが"1"と判断する最小のスレッショルド電圧	2.0V	3.85V
入力ピンが"0"と判断する最大のスレッショルド電圧	0.8V	1.65V
消費電力	多い	少ない

3 スレッショルド

論理回路では，電圧の正極を論理信号1に，負極（0V）を論理信号0に対応させることを**正論理**（反対の対応は**負論理**）といいます．

実際のディジタルICが，論理信号0と1を区別する境界の電圧を**スレッショルド**（しきい値）電圧といいます．入力ピンのスレッショルド電圧は，TTLのほうがCMOSより低いのが一般的です（表1）．スレッショルド電圧の実験については，171ページを参照してください．

4 74シリーズ

汎用ディジタルICとして広く利用されている74シリーズの名前の付け方は**図3**のようになっています．

74シリーズは最初TTLだけでしたが，その後CMOS型のHCファミリなどが開発されました．CMOSの欠点だったスピードがTTLなみに高速化されたのです．

また，以前によく利用されていた4000シリーズ（CMOS）の名前の付け方は**図4**のようになっています．

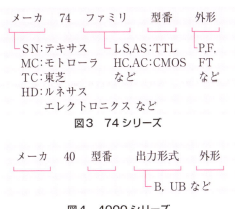

図3 74シリーズ

図4 4000シリーズ

> **Let's review** 3-1
>
> NOT回路の74LS04（TTL）と74HC04（CMOS）のピン配置を規格表で調べなさい．

2 ICの取り扱い1

ICを扱う際の注意事項を確認しよう

1 一般的な注意事項

ここでは，ディジタルICを使うときの注意事項について説明します．たとえどんなに高性能なICでも，注意事項を守らないと壊れてしまいます．

（1）**最大定格**を超える電圧や電流で使用しない．

電子部品の中で，ICは特に逆電圧に弱いので，電源電圧の極性に注意しましょう（**図1**）．

（2）TTLとCMOSを混在させて使用するときは，**電源電圧**や**スレッショルド電圧**の違いなどに十分注意する（**図2**）．

図1 逆電圧に注意

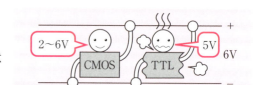

図2 TTLとCMOSの混在

（3）むやみに**ピンに触らない**．

前に学んだように，CMOSの入力端子は，わずかながら静電容量を持っています．静電気の蓄積による高電圧で入力端子を壊さないように注意しましょう．最近のCMOSは，保護回路を内蔵しているため，特別な静電気対策を必要としませんが，昔のCMOSは，静電気に弱いのが短所でした．いずれにしても，意味もなくピンに触ったりするのはやめましょう．保存の際は，導電スポンジに差しておきましょう．

（4）ICのピンは**折り曲げない**．

ICのピンは，折り曲げることを想定して作られていません．特に根元から折り曲げるとすぐに折れてしまいます．

（5）原則として**出力ピン同士**は接続しない．

最大定格を超える電流が流れてICを壊すことがあります．

（6）**機械的な衝撃**を与えない．

最近のICは機械的振動に対して相当の耐性がありますが，過信は禁物です．過度の衝撃を与えれば当然壊れます．

（7）**高温・多湿**の場所での使用や保管は避ける．

高温・多湿の場所に置くと，ICのプラスチック・パッケージを通して水分が内部まで浸入することがあります．

2 実際の配線時の注意事項

ディジタルICを使って，実際に配線をする際の注意事項を考えてみましょう．

（1）ICを適切に**配置**する．

ディジタルICは，ピン数が多い小型部品なので，配線しやすく，また回路図との対応がわかりやすいように配置しましょう．

（2）**ピン番号**を間違えない．

ICは，特にピン数の多い電子部品です．配線のときには，ピン番号に誤りがないか十分に確認しましょう．

（3）はんだごてからの**静電気**に注意する．

金属製のこて先を使ったはんだごてを使用すると，そこから静電気が流れてくることがあります．セラミック型（絶縁体）のこて先を使用しましょう．

（4）はんだづけをするときは，ピン1本につき，**10秒以内**で終わらせる．

熱に対するICの最大定格は，通常260℃で20秒間が目安です．はんだごての温度は，およそ250℃～300℃ですから，10秒以上ピンを熱するとICが壊れる可能性が大きくなります（図3）．

（5）電源の配線は**整然**と行う．

図3　熱に注意

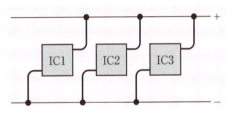

図4　電源配線は整然と

電源の配線は，電圧降下の影響を受けないように，細い線の使用は避け，整然と配線しましょう（図4）．あらかじめICの電源配線用に線路が書かれているプリント基板も市販されています．

その他，配線作業をするときは電源を切っておくなどの注意が必要です．

Let's review 3-2

通常，ディジタルICの電源用回路は，回路図では省略されている．74HC32の電源ピンを規格表で確認しなさい．

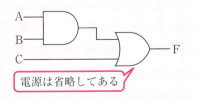

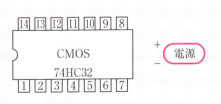

3 ICの取り扱い2

プルアップ抵抗について知ろう

1 未使用ピンの扱い

例えば，ANDゲートが4個封入されたICで，3個のゲートを使用したとします．このような場合，使用しなかったゲートのピンは，オープン（そのまま開放した状態）にしていても問題が起こることは滅多にありません．しかし原則的には，**未使用の入力ピンは0または1に接続し，出力ピンはオープンにしておき**ましょう（図1）．

これはTTL，CMOSともに共通です．

入力ピンがオープンになっているのは，トラブルの元となりかねないので，0か1につなぐようにしましょう（図2）．

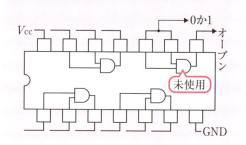

図1　未使用ピンの扱い

図2　オープンにした入力ピンの状態

2 プルアップ抵抗

図3に示す回路を見てください．

スイッチをONにすると，端子Aは，①の回路では0，②の回路では1になります．しかし，スイッチがOFFのときは，端子Aはオープンになってしまいます．

入力端子がオープンのときは不安定な状態となることが多いので，このままでは，**誤動作**する可能性があ

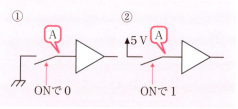

図3　誤動作するスイッチ回路

ります．

正しい回路は，図4に示すように，抵抗を用いて接続をします．すると，スイッチがOFFのときでも，端子Aは抵抗を通じて，①では1に，②では0につながります．このような抵抗を**プルアップ抵抗**，または**プルダウン抵抗**とよびます．

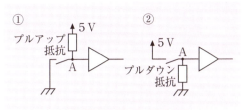

図4　正しいスイッチ回路

3　オープンコレクタ

TTLには，図5に示すように，出力段のトランジスタのコレクタが，そのまま出力ピンとして取り出されているものがあります．このようなTTLを**オープンコレクタ型**といいます．

オープンコレクタ型TTLは，内部に出力用負荷抵抗がないので，このままでは，出力ピンから信号を取り出すことができません．そこで，出力ピンと電源の間に外付けの負荷抵抗Lを接続します．

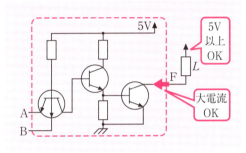

図5　オープンコレクタ型TTL

● **オープンコレクタ型の利点**

（1）出力端子（コレクタ）から負荷抵抗を通してつなぐ電源は，5Vより高い電圧でもよい．

（2）出力端子（コレクタ）が信号0のときの電流が大きくとれる．

（3）ワイヤードアンドが構成できる．

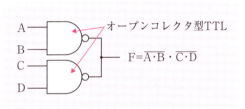

図6　ワイヤードアンド

58ページでは，原則としてゲートICの出力ピン同士は接続しないと説明しました．しかし，オープンコレクタ型では出力ピン同士を接続することができます．例えば，図6に示すように，オープンコレクタ型TTLの出力ピンを接続すると，出力は$F=\overline{A \cdot B} \cdot \overline{C \cdot D}$になります．このような回路を**ワイヤードアンド**といいます．

またTTLと同様に，CMOSでは**オープンドレイン型**があります．

Let's review 3-3

右の回路で，プルダウン抵抗が必要な理由を説明しなさい．

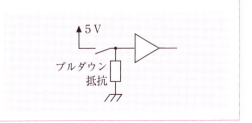

61

4 ファンアウト

吸い込み電流と
吐き出し電流

吸い込みには限界がある

1 TTLのファンアウト

　TTLの出力ピンを，他の入力ピンに接続する場合を考えます．

　出力ピンが信号 0 のときには，図1に示すように，入力ピンから出力ピンに向けて電流が流れ込みます．入力ピンから流れ出る電流を**吐き出し電流**，出力ピンに流れ込む電流を**吸い込み電流**といいます．

　出力ピンが信号 1 のときには，図2に示すように，出力ピンから入力ピンに向けて電流が流れ込みます．

　このときは，出力ピンから流れ出る電流を**吐き出し電流**，入力ピンに流れ込む電流を**吸い込み電流**といいます．

　実際には，74LSファミリで，入力ピンの吐き出し電流は最大 0.4mA，吸い込み電流は最大 $20\mu A$，また出力ピンの吐き出し電流は最大 $400\mu A$（＝0.4mA），吸い込み電流は最大 8mA 程度です．

　例えば，出力ピンを 3 本の入力ピンに接続し，出力ピンが信号 0 だった場合は，図3に示すようになります．出力ピンの吸い込み電流の最大値は，8mA ですから，接続する入力ピンの数を無制限に増やすことはできません．したがって，入力ピン 1 本当たり 0.4mA を吐き出すとすると，8mA÷0.4mA/本＝20［本］が出力ピン信号が 0 のときに接続できる最大の入力ピン数になります．

　出力ピンを 3 本の入力ピンに接続し，出力ピンが信号 1 だった場合は，図4のようになります．

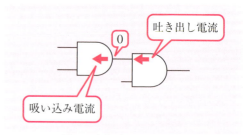

図1　出力ピンが 0 の場合

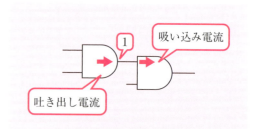

図2　出力ピンが 1 の場合

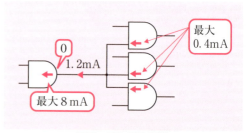

図3　吸い込み電流

この場合，出力ピンが吐き出せる電流の最大は400 μAなので，400μA÷20μA/本＝20[本]が最大の入力ピン数になります．つまり，74LSファミリの出力ピンには，最大20本の入力ピンがつなげます．このように，1本の出力ピンに接続できる最大の入力ピン数のことを**ファンアウト**といいます．

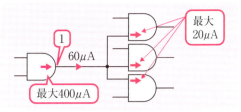

図4　吐き出し電流

2　CMOSのファンアウト

CMOSは，入力抵抗が高いので，電流はほとんど流れませんが，入力ピンには静電容量があります．入力信号が0から1，または1から0へと変わるたびに，この静電容量に充放電電流が流れます（図5）．このため，CMOSのファンアウトは，約50本と考えればよいでしょう．

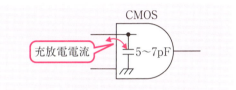

図5　CMOSの充放電電流の考え方

3　出力ピンの拡張

バッファ回路を使用すれば，1本の出力ピンにファンアウト以上の入力ピンをつなぐことができます（図6）．

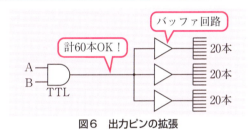

図6　出力ピンの拡張

4　入力ピンの拡張

図7のように，2入力ゲート回路を用いて，多入力ゲート回路を構成できます．

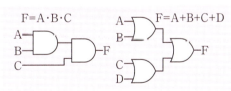

図7　入力ピンの拡張

Let's review 3-4

3入力のOR回路を，2入力として使用する方法を答えなさい．

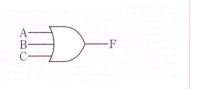

5 インタフェース1

TTL から CMOS へ

1 インタフェース

ある機能と他の機能を接続する場合，その接続部分のことを**インタフェース**（interface）といいます（図1）．

前に学んだように，TTLとCMOSでは電気的特性が異なります．そのため，両者を接続するときにはインタフェースについて確認する必要があります．

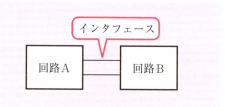

図1　インタフェース

2 TTL → CMOS

図2に示すように，TTLの出力ピンをCMOSの入力ピンに接続する場合を考えてみましょう．

まず電流の問題について考えます．CMOSの入力ピンは，**ハイインピーダンス**（高抵抗）であるため電流はほとんど流れません．したがって，TTLの吸い込み電流や吐き出し電流についての最大定格を超えることはありません．

次に，電圧について考えます．信号の0と1を区別する電圧を**論理レベル**といいます．TTLとCMOSでは，論理レベルが異なります（図3）．

TTL（74LSファミリ）の出力が0のときは，実際には0.4V以下の電圧が出ています．CMOS（74ACファミリ）は1.6V以下の入力電圧を0と判断しますから，問題は生じません．

一方，TTLの出力が1のときには，実際には，最

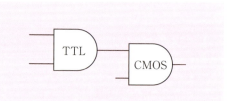

図2　TTL → CMOS

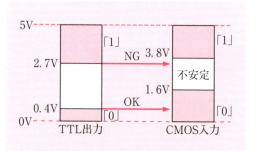

図3　論理レベルの比較例

低で2.7Vの電圧が出ます．しかし，CMOSの入力が信号1と判断するためには，最低3.8Vの電圧が必要です．

つまり，TTLの出力が1のときにはエラーが生じる可能性があります．

したがって，TTLとCMOSの電源電圧が等しい場合(5V)は，プルアップ抵抗を使って接続をします(図4)．

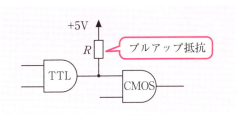

図4　プルアップ抵抗を使う

もし，TTLとCMOSの電源電圧が異なっている場合には，TTLをオープンコレクタ型にして，プルアップ抵抗を接続する必要が生じることがあります．

また，CMOSであっても，**74HCT**ファミリは，TTLインタフェース仕様です．したがって，プルアップ抵抗なしで，そのままTTLと接続することができます．

3　大きな電流回路のドライブ

例えば，CMOS(74ACファミリ)の最大入出力電流は約24mAです．これで，1個のLEDくらいなら**ドライブ(駆動)**できます．しかし，大きな電流が流れるリレーやモータのドライブはできません．

大きな電流によるドライブをしたいときは，**トランジスタスイッチ**などを使う方法があります．トランジスタスイッチは，NPNトランジスタのベースに電圧がかかると，コレクター－エミッタ間が導通することを利用します(図5)．

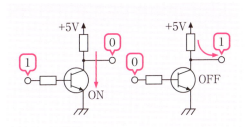

図5　トランジスタスイッチ

TTLやCMOSでトランジスタスイッチをドライブすることで，その先にある大きな電流が必要な負荷をドライブできます(図6)．

オープンコレクタ型TTLやオープンドレイン型CMOSを使っても，大きな電流回路のドライブができます．

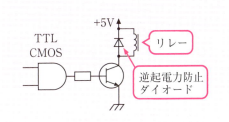

図6　ドライブ回路

Let's review　3-5

TTLの出力を，CMOSの入力へ接続する場合に注意すべきことを，論理レベルを考えながら説明しなさい．

第3章 ディジタルIC

6 インタフェース2

CMOS から TTL へ

1 CMOS → TTL

図1に示すように，CMOSの出力ピンをTTLの入力ピンにつなぐ場合を考えてみましょう．

まず，電圧の問題について考えます．図2に論理レベルの比較例を示します．

CMOS（74ACファミリ）の出力が0のときは，実際の電圧は最大で0.1Vです．TTL（74LSファミリ）の入力ピンは，0.8V以下を信号0と判断するので問題はありません．

一方，CMOSの出力が1のときには，実際には4.9V以上の電圧が出ます．TTLの入力ピンは2.0V以上を1と判断しますから，この場合も問題ありません．

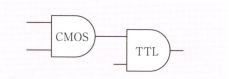

図1　CMOS → TTL

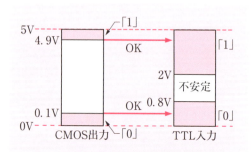

図2　論理レベルの比較例

2 CMOSの電流

次に，電流について考えます．

CMOS（74ACファミリ）の出力ピンは，吸い込み電流，吐き出し電流とも最大24mA程度です．CMOSの出力ピンが信号0だった場合は，TTL（74LSファミリ）では同じ0.4mAの吐き出し電流を流します．

つまり，問題なくCMOSの出力ピンにTTLを直接接続できます．

CMOSの出力が信号1のときは，TTLは最大20μAを吸い込みますが，CMOSの吐き出し電流は最大24mAですから，これも問題ありません．

したがって，CMOS→TTLは，プルアップ抵抗を使わなくても，そのまま接続することができます．

CMOSの出力を規定個数（約50個）以上のTTLにつなぎたい場合には，複数個のバッファゲートや，トランジスタを使う方法があります（図3）．

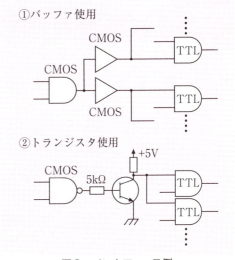

図3 インタフェース例

3 ホトカプラ

今まで考えてきたインタフェースは，出力側と入力側が電気的につながったものでした．これに対して，電気的には完全に絶縁の状態で，信号だけを受け渡しする方法があります．図4に，**ホトカプラ**を使ったTTL→CMOSのインタフェース回路を示します．

ホトカプラは，左側の**LED**（発光ダイオード）が点灯すると，右側の**ホトトランジスタ**に電流が流れます．つまり信号は，光を通してやり取りされます．このため，入力側の信号にノイズが加わっている場合でも，出力側にはノイズが伝わりにくい長所があります．

ホトカプラを使う方法では，TTLとCMOSの電源電圧が違っていても問題はありません．

しかし，ホトカプラの動作スピードは遅いので，高速な動作が要求される回路には不向きです．

誤動作を起こす可能性がないかどうか，ホトカプラの規格表などを十分確認してから採用を決めましょう．

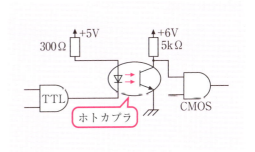

図4 ホトカプラによるTTL→CMOS

Let's review 3-6

トライステートバッファは，G端子の信号でA-F間を開閉するゲートである．74HC126を規格表で調べなさい．

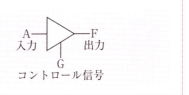

7 規格表の見方

規格表は強い味方だ

1 IC の規格表

ディジタル IC には非常に多くの種類があります．それらのピン配置や性能を知るためには規格表を活用する必要があります．

IC の規格表は，各半導体メーカが発行しています．その書き方は，若干異なってはいますが，大きな違いはありません．

現在では，インターネットの検索エンジンを使って，IC の型番を入力すれば，目的の規格表を容易に探し出すことができます．

2 最大定格と推奨動作条件

IC を使用する上で，必ず守らなければならない規格が**最大定格**です．**表1**，**表2**に IC の最大定格を示します．

IC を安定して動作させるためには，**推奨動作条件**の範囲内で使用する必要があります(**表3**)．

特に CMOS の推奨動作条件などは，ファミリによって大きく異なりますから注意しましょう．

表1　TTL の最大定格（74LS ファミリ）

電源電圧 V_{CC}	7V
入力電圧 V_{in}	5.5V
オープンコレクタ型の OFF 時コレクタ電圧	7V
保存温度	$-65 \sim +150$℃

表2　CMOS の最大定格（74AC ファミリ）

電源電圧 V_{DD}	$-0.5 \sim +7$V
入力電圧 V_{in}	$-0.5 \sim (V_{DD}+0.5$V$)$
連続出力電流 I_o	± 50mA
保存温度	$-65 \sim +150$℃

表3　推奨動作条件

項　目	TTL（LS）	CMOS（AC）
電源電圧	$4.75 \sim 5.25$V	$2 \sim 6$V
動作温度	$0 \sim +70$℃	$-40 \sim +85$℃

3 電気的特性

規格表には，スレッショルド電圧，吸い込み電流，吐き出し電流，消費電力，伝搬遅延時間などの IC の**電気的特性**が記されています．

例 IC の電気的特性

V_{IH}：入力「1」の電圧

V_{IL}：入力「0」の電圧

I_{OH}：出力「1」のときの吐き出し電流

I_{OL}：出力「0」のときの吸い込み電流

t_{pd}：伝搬遅延時間

4 スイッチング特性

伝搬遅延時間に関する電気的特性を**スイッチング特性**といいます．例えば，正のパルス（方形波）は実際には完全な四角形ではなく，およそ図1のような台形になります．

（1）TTL（74LS ファミリ）のスイッチング特性

図2に，74LS ファミリ（テキサス・インスツルメンツ社の場合）のスイッチング特性を示します．

例えば，74LS08（AND）では，$t_{pd}(L\rightarrow H) = 15\,\mathrm{ns}$，$t_{pd}(H\rightarrow L) = 20\,\mathrm{ns}$ です．

（2）CMOS（74AC ファミリ）のスイッチング特性

図3に，74AC ファミリ（テキサス・インスツルメント社の場合）のスイッチング特性を示します．

例えば，74AC08（AND）を5Vで動作させたときの $t_{pd}(L\rightarrow H)$ は 8.5 ns，$t_{pd}(H\rightarrow L)$ は 7.5 ns です．74AC ファミリの CMOS は 74LS ファミリの TTL と比べると，約2倍以上の高速動作をします．

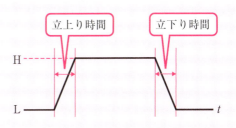

図1　実際の方形波

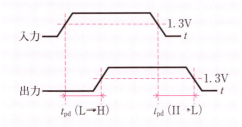

図2　TTL のスイッチング特性

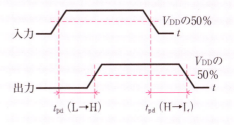

図3　CMOS のスイッチング特性

Let's review 3-7

IC 動作のタイミングには，次の4通りがある．各動作の名称を述べよ．

(1) (2) (3) (4)

章末問題3

1. 近年では，CMOSがディジタルICの主流として使用されている．この理由を説明しなさい．
2. ディジタルICにおける次の用語について説明しなさい．
   ① 伝搬遅延時間　　② スレッショルド電圧
3. 74シリーズのファミリについて調べなさい．
4. NANDのみで構成した右の回路は，どのように動作するか答えなさい．

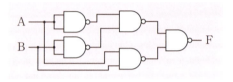

5. TTLとCMOSのICを混在させて使用する場合に注意すべきことを挙げなさい．
6. 右の図は，スイッチONで端子A＝0，スイッチOFFで端子A＝1としたい回路である．
   ① この回路を完成させなさい．
   ② この回路に使用した抵抗が必要な理由を説明しなさい．
   ③ 使用した抵抗の名称を答えなさい．

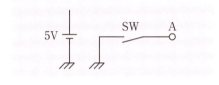

7. オープンドレイン型のCMOSの特徴をあげなさい．
8. ディジタルICの出力ピンにおける吸い込み電流と吐き出し電流とは何か説明しなさい．
9. ディジタルICのファンアウトとは何か説明しなさい．
10. 74AC00について，誤動作する可能性のある入力ピンの電圧範囲を調べなさい．
11. ディジタルICの規格表における次の用語について説明しなさい．
    ① 最大定格　　② 推奨動作条件　　③ スイッチング特性

3章のまとめ

* ディジタルICには，主としてTTLとCMOSの2種類がある．TTLはトランジスタを使用し，CMOSはFETを使用して構成されている．
* CMOSは，TTLに比べて消費電力が少なく，高速化が進んだため，ディジタルICの主流となっている．
* TTLとCMOSでは，スレッショルド電圧や動作電圧などの電気的特性が異なる．
* オープンコレクタ型やオープンドレイン型のICでは，出力ピン同士を接続できる．

第4章 演算回路

　これまで，論理回路の基礎理論を学びました．しかし，実際にOR回路やAND回路などが，どのように応用できるのか疑問に思った人もいることでしょう．この章では，これまで学んできた基本的な論理回路を応用して，各種の演算を行う回路を構成する方法を学習します．回路の構成といっても，その基本は，私たちが日常的に行う筆算の仕組みと同じ考え方が適用できます．

　演算には，算術演算と論理演算があります．これらを混同しないように注意しましょう．

　算術演算回路の基本は，加算器です．半加算器と全加算器の違いをしっかり理解しましょう．加算器が理解できれば，続く減算器，乗算器，除算器の理解も容易なはずです．

　章の終わりでは，算術演算と論理演算の両方が計算できるIC，ALUについて学びます．

　この章のねらいは，基本的な論理回路を応用した演算回路についての理解を深めることです．必要があれば前の章を読み返し，復習しながら学習を進めてください．

1. 加算回路1
2. 加算回路2
3. 減算回路1
4. 減算回路2
5. 乗算回路
6. 除算回路
7. 算術論理演算装置

第4章 演算回路

1 加算回路 1

ディジタル回路で足し算をする方法

1 半加算器

　半加算器（HA：half adder）は，2個の1ビットデータを足し合わせます．足し算の組合せは，次のようになります．

$$0 + 0 = 0$$
$$0 + 1 = 1$$
$$1 + 0 = 1$$
$$1 + 1 = 10$$

答⇨0

　1+1の足し算の場合，答は0であり，ひとつ上位の桁に1が桁上げしたと考えます．**表1**に，半加算器の真理値表を示します．

　真理値表から，加法標準形の論理式を求めます．

$$S = \overline{A} \cdot B + A \cdot \overline{B}$$
$$C = A \cdot B$$

　論理式から論理回路を構成すると，**図1**のようになります．

　図1は，EX-OR回路を使って**図2**のように書けます．

　図3に，半加算器の図記号を示します．

　半加算器は，1桁の加算を行い，上位の桁に桁上げ信号（carry）を与えることができます．しかし，下位の桁からの桁上げ信号は受け取ることができません．これでは複数桁の加算を行えません．つまり半加算器は，1桁だけの加算しかできない半人前の加算器なのです．

表1　半加算器の真理値表

A	B	S	C
0	0	0	0
0	1	1	0
1	0	1	0
1	1	0	1

A+B
S：答（和）
C：桁上げ

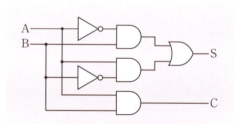

図1　基本的な半加算器

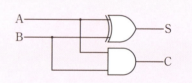

図2　EX-ORによる半加算器

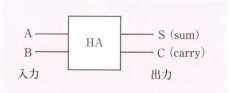

図3　半加算器の図記号

2 全加算器

一人前の加算器としての条件は，上位の桁に桁上げ信号を与え，かつ，下位の桁からの桁上げ信号を受け取れることです．このような加算器を，**全加算器**（FA：full adder）とよびます．

全加算器は，半加算器に下位からの桁上げ信号を受け取る機能が加わったものです（**図4**）．

計算をするときには，足される数（A）と足す数（B）と下位桁からの桁上げ信号（C_i）の3個のデータを加算します．そして，和（S）と上位桁への桁上げ信号（C_o）の2個のデータを出力します．

表2に，全加算器の真理値表を示します．

次に，真理値表から論理式を求めます．

$S = \overline{A}\cdot\overline{B}\cdot C_i + \overline{A}\cdot B\cdot\overline{C_i} + A\cdot\overline{B}\cdot\overline{C_i} + A\cdot B\cdot C_i$

$C_o = \overline{A}\cdot B\cdot C_i + A\cdot\overline{B}\cdot C_i + A\cdot B\cdot\overline{C_i} + A\cdot B\cdot C_i$

論理式を簡単化します（Let's review 4-1 参照）．

$S = \overline{A}\cdot\overline{B}\cdot C_i + \overline{A}\cdot B\cdot\overline{C_i} + A\cdot\overline{B}\cdot\overline{C_i} + A\cdot B\cdot C_i$

$C_o = A\cdot B + A\cdot C_i + B\cdot C_i$

論理式から論理回路を構成すると，**図5**のようになります．

全加算器の実験については，172ページを参照してください．

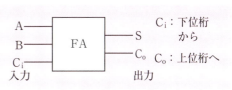

図4　全加算器の図記号

表2　全加算器の真理値表

A	B	C_i	S	C_o
0	0	0	0	0
0	0	1	1	0
0	1	0	1	0
0	1	1	0	1
1	0	0	1	0
1	0	1	0	1
1	1	0	0	1
1	1	1	1	1

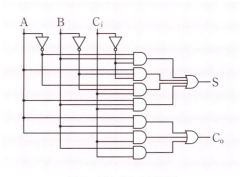

図5　基本的な全加算器

Let's review 4-1

全加算回路の論理式をベイチ図を用いて簡単化しなさい．

$S = \overline{A}\cdot\overline{B}\cdot C_i + \overline{A}\cdot B\cdot\overline{C_i} + A\cdot\overline{B}\cdot\overline{C_i} + A\cdot B\cdot C_i$

$C_o = \overline{A}\cdot B\cdot C_i + A\cdot\overline{B}\cdot C_i + A\cdot B\cdot\overline{C_i} + A\cdot B\cdot C_i$

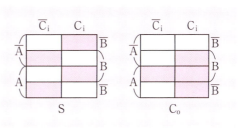

2 加算回路2

全加算器についての理解を深めよう

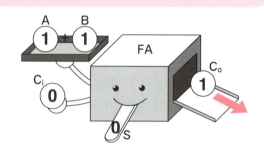

1 ノイマンの全加算器

前のページで学んだ，基本的な全加算器回路は複雑で部品数が多いので，S と C_o の式を，

$$S=(A+B+C_i)\cdot \overline{C_o}+A\cdot B\cdot C_i$$

と変形して論理回路を書くと，**図1**のようになります．

この回路は，**ノイマンの全加算器**とよばれ，広く利用されています．

また，**図2**に示すように，半加算器を2個用いて全加算器1個を構成することができます．

半加算器では1桁の加算しかできませんでしたが，全加算器を使えば複数桁の加算ができます．

全加算器を使って複数桁の加算を行うには，**直列加算方式**と**並列加算方式**の二つの回路が考えられます．

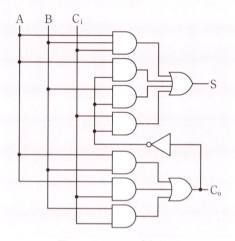

図1　ノイマンの全加算器

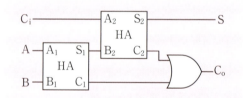

図2　HAによるFAの構成

2 直列加算方式

直列加算方式は，**図3**に示すように，最下位桁から順に，最上位桁に向かって1桁ごとに加算をしていく方法です．

1桁の加算が行われると，桁上げ信号が次の計算用として**レジスタ**（置数器）に保管されます．

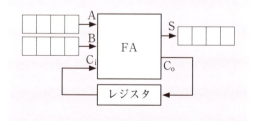

図3　直列加算方式

この方式は，加算データを1桁ずつ**シフト**（移動）していくために，演算速度が遅いという欠点がありますが，全加算器が1個ですむのが利点です．

3　並列加算方式

並列加算方式は，図4に示すように，計算する桁と同じ数の全加算器(FA)を並べて使用します．回路は，少し複雑になりますが，高速な演算が可能です．

この方式では，図5に示すように，最下位桁用に半加算器(HA)を用いることができます．

並列加算方式で加算を行う様子を，実際に確認してみましょう．

例 1011+0101 を計算する．

答えは，図6のようになります．

ここで学んだ加算器は，次に学ぶ減算器，乗算器，除算器などの基礎になります．しっかりと学習しておきましょう．

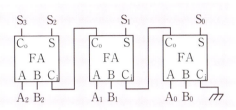

図4　並列加算方式

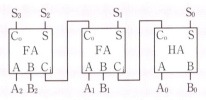

図5　最下位桁にHAを使った方式

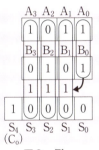

図6　例

Let's review 4-2

並列加算方式を使った4ビット全加算器ICに，74HC283がある．このICについて調べなさい．

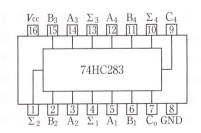

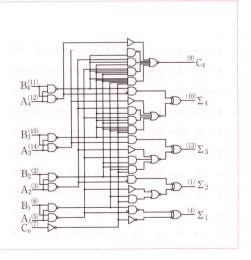

3 減算回路 1

加算を使って減算を行う方法

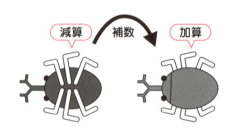

1 減算の方法

補数を用いた正負の表現をしている場合（29ページ参照）は，**減算**を**加算**に**変換**できます．つまり，加算器を使って減算ができるのです．補数について復習します．

2進数の補数には「1の補数」と「2の補数」があります．例えば，4ビットの2進数 $B_3B_2B_1B_0$ を考えたとき，「1の補数」は，$B_3B_2B_1B_0$ を論理否定（NOT）することで求められます．

「2の補数」は，$B_3B_2B_1B_0$ を論理否定（NOT）し，1を加えることで求められます．つまり「2の補数」は，「1の補数」に1を足したものになります（**図1**）．

次に，減算を加算に変換する方法です．例えば，$A_3A_2A_1A_0 - B_3B_2B_1B_0$ という計算を考えます．$B_3B_2B_1B_0$ の「2の補数」が $Y_3Y_2Y_1Y_0$ であるとすると，この減算は，

$A_3A_2A_1A + Y_3Y_2Y_1Y_0$

という加算に変換できます（**図2**）．ただし，4ビットで扱える数値は，10進数の $-8 \sim +7$ の範囲です．

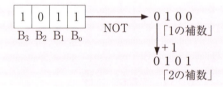

図1 補数

例（1）$(0111)_2 - (0110)_2$ を加算に変換して計算する．

① 0110 の「2の補数」を求める．

0110（NOT）→ 1001「1の補数」

1001 + 1 = 1010「2の補数」

② 減算を加算に変換する．

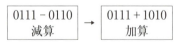

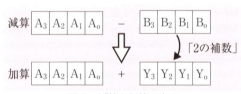

図2 減算を加算で表す

③ 加算の式を計算する．計算結果の最上位の1は無視する．

```
   0 1 1 1
+) 1 0 1 0
─────────
  1 0 0 0 1
```

したがって，0111 − 0110 = 0001 となります．

例（1）で説明したのは，
$A_3A_2A_1A_0 - B_3B_2B_1B_0$ において，$A_3A_2A_1A_0 \geq B_3B_2B_1B_0$，つまり答が正または0になる場合についての計算です．
次に $A_3A_2A_1A_0 < B_3B_2B_1B_0$，つまり答が負になる場合について考えます．

例（2）$(0110)_2 - (0111)_2$ を加算に変換して計算する．

この減算は $0110 < 0111$ ですから，答えは負になります．先ほどと同じ手順で，

① 0111 の「2の補数」を求める．

0111（NOT）→ 1000「1の補数」　　1000+1=1001「2の補数」

② 減算を加算に変換する．

$$\boxed{\begin{array}{c}0110 - 0111\\ 減算\end{array}} \rightarrow \boxed{\begin{array}{c}0110 + 1001\\ 加算\end{array}}$$

③ 加算の式を計算する．

```
   0 1 1 0
+) 1 0 0 1
   ───────
   1 1 1 1
```

ここで計算した結果 $(1111)_2$ は，負の数を補数で表現した値です．負の数であることは，最上位ビット（MSB）が1となっていることでわかります．

④ 計算結果の「2の補数」を求める．

1111（NOT）→ 0000「1の補数」　　0000+1=0001「2の補数」

これより，$(0110)_2 - (0111)_2 = (1111)_2$，つまり，$(6)_{10} - (7)_{10} = (-1)_{10}$ の計算ができました．

このように，補数を用いた正負の表現をしている場合は，答えが負になる減算の場合でも，正しく計算が実行できます．

2 加減算回路

減算を加算として計算できることを利用したのが，図3に示す**加減算回路**です．

制御信号が0のとき，データBは変化しませんから答はA＋Bの加算結果が出力されます．一方，制御信号が1のときには，Bは EX-OR によって「1の補数」となり，さらに C_i との和によって「2の補数」に変換され，減算が加算に変換されたことになり，減算結果が出力されます．

加減算回路の実験については，173ページを参照してください．

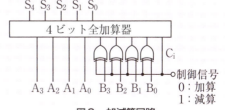

図3　加減算回路

Let's review 4-3

図3のような加減算回路を用いて，$(0110)_2 - (0100)_2$ を計算した場合の動作を説明しなさい．

4 減算回路 2

半減算器と全減算器

1 半減算器

　半減算器（HS：half subtracter）は，2個の1ビットデータの引き算をする論理回路です．2個の1ビットデータの引き算の組合せは次のようになります．

$$0-0=0 \quad 1-0=1$$
$$0-1=1 \quad 1-1=0$$

（0-1=1に「借りあり」）

表1　半加算器の真理値表

A	B	D	B_o
0	0	0	0
0	1	1	1
1	0	1	0
1	1	0	0

A－B
D：答（差）
B_o：借り

　0-1の引き算の場合，答は1で，上位の桁から**借り**が行われたと考えます．**表1**に，半減算器の真理値表を示します．
　真理値表から論理式を求め，論理回路を構成します．**図1**に半減算器の回路，**図2**に半減算の図記号を示します．

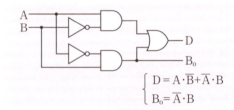

$$\begin{cases} D = A \cdot \overline{B} + \overline{A} \cdot B \\ B_o = \overline{A} \cdot B \end{cases}$$

図1　半減算器の回路

　半減算器は，下位の桁からの借り信号を受け取ることができません．したがって，半減算器は半加算器と同様に，1桁だけの計算しかできない減算器です．

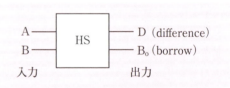

図2　半減算器の図記号

2 全減算器

　一人前の減算器としての条件は，上位の桁に借り信号を与え，かつ下位の桁からの借り信号を受け取れることです．このような減算器は，**全減算器**（FS：full subtracter）とよばれます（**図3**）．
　全減算器は，半減算器に下位からの借り信号を受け取る機能が加わったものです．計算をするときには，引かれる数（A）と引く数（B）より計算した仮の答から，さらに，下位桁から受け取った借り信号（B_i）を引きます．そして，差（D）と上位桁への借り信号（B_o）の2個のデータを出力します（**図4**）．

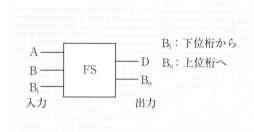

図3　全減算器の図記号

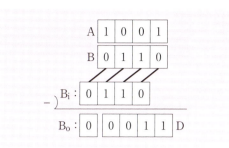

図4　減算のしくみ

表2に，全減算器の真理値表を示します．

次に，真理値表から論理式を求めます．

$D = \overline{A} \cdot \overline{B} \cdot B_i + \overline{A} \cdot B \cdot \overline{B_i} + A \cdot \overline{B} \cdot \overline{B_i} + A \cdot B \cdot B_i$

$B_o = \overline{A} \cdot \overline{B} \cdot B_i + \overline{A} \cdot B \cdot \overline{B_i} + \overline{A} \cdot B \cdot B_i + A \cdot B \cdot B_i$

ベイチ図から，Dは簡単化できないことがわかります．B_oを簡単化します．

$B_o = \overline{A} \cdot B + \overline{A} \cdot B_i + B \cdot B_i$

論理式から論理回路を構成します（図5）．

半減算器を2個用いて，全減算器を構成することもできます．全減算器を使えば複数桁の減算ができます（図6）．

全減算器の実験については，173ページを参照してください．

表2　全減算器の真理値表

A	B	B_i	D	B_o
0	0	0	0	0
0	0	1	1	1
0	1	0	1	1
0	1	1	0	1
1	0	0	1	0
1	0	1	0	0
1	1	0	0	0
1	1	1	1	1

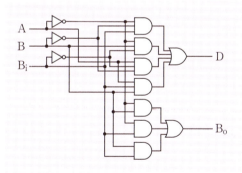

図5　全減算器の回路

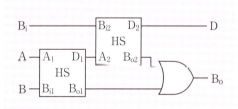

図6　HSによるFSの構成

Let's review 4-4

全減算器を使って，複数桁の減算を行う並列減算方式の回路を完成させなさい．

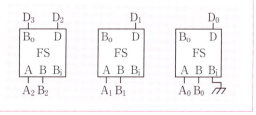

5 乗算回路

掛け算は，足し算として計算できる

1 乗算回路

乗算や除算は，加算回路，減算回路を利用して計算することができます．

ここでは，乗算の方法を説明します．扱う数値は正の値とします．

例 2進数の乗算 1011×1101 を通常の筆算で計算する（図1）．

掛ける数Bの最下位桁から1桁ずつ調べていき，Bの桁が0のときには0000を，Bの桁が1のときには掛けられる数Aを加算しています．ただし，加算するときには1桁ずつ左にずらしています．この方法を，**組合せ回路方式**といいます．

つまり乗算といっても，実際には加算を用いて計算ができるのです．

乗算に負の数が含まれていても計算の方法は変わりません．A，Bともに絶対値にして計算を行った後，もしAかBのどちらか一方が負の数だったなら，計算結果にマイナス符号を付ければ正しい答が得られます．

図2に，組合せ回路方式の乗算回路を示します．

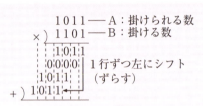

図1　筆算による乗算

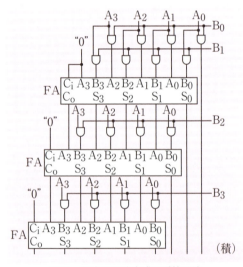

図2　組合せ回路方式の乗算回路

2 シフトによる乗算

2進数を ×2, ×4, ×8, … と 2^n 倍にする場合には，より簡単に計算を行う方法があります．例えば，1100というデータを例にとります．このデータの桁をそれぞれ左に1桁ずらし，最下位桁には

0を代入します．このように，データをずらすことを，**シフト**するといいます（図3）．

シフトした結果と元のデータとの関係をみます．2進数では考えにくいので，10進数に直して考えてみましょう（図4）．

左に1桁シフトした結果は，元のデータの2倍になっています．左にもう1桁シフトすれば，データは，さらに2倍になります．つまり，元のデータの4倍になります（図5）．

このように，2進数では，左に1桁シフトするたびに，データが2倍されていきます．例えば，ある値を32倍したければ $32 = 2×2×2×2×2 = 2^5$ ですから，左に5桁シフトすればよいのです．

ただし，実際に回路を構成するときには，シフト後のデータがきちんと収まる領域を確保するように注意しなければなりません．左シフトのときに，シフトした結果が最上位桁から落ちてしまうことを**オーバーフロー**といいます．

例 2進数 1011×10001 をシフトを使って計算する．

$$1011×10001 = 1011×(10000+1)$$
$$= 1011×10000+1011$$
$$= 1011×(2^4)_{10}+1011$$

つまり，1011 を左に4桁シフトして，1011 を足せばよいのです（図6）．

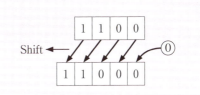

図3　シフト

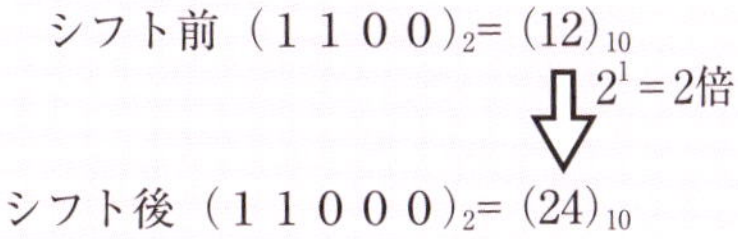

シフト前 $(1100)_2 = (12)_{10}$

$2^1 = 2倍$

シフト後 $(11000)_2 = (24)_{10}$

図4　1桁の左シフト

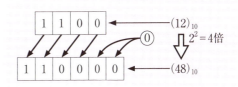

図5　2桁の左シフト

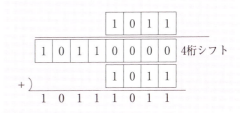

図6　例

Let's review 4-5

2進数 1000101×1000000 を，シフトを使って計算する方法を説明しなさい．

6 除算回路

割り算には，引き算を利用する

1 除算回路

　論理回路を使って除算を行う方法は，私達が筆算で除算を行うのと同じように考えることができます．

例 2進数 10101110÷1011 の除算を計算する．ただし，数値は正の数とする．

　2進数の除算は，10進数の場合と同様に計算できます（図1）．

　初めに，上位4桁の 1010 から 1011 が引けるかどうかを考えました．

　ここで，「引けるかどうか」という意味は，1010－1011 が正になるかどうかの判定です．

　その結果，1010 から 1011 は引けないので（もし引くと答は負になってしまう），商（除算の答）に0を置きました（図2）．

　次に，割られる数Aをもう1桁増やして，10101 から 1011 が引けるかどうかを考えました．その結果，10101 から 1011 は引けるので，商に1を置き 10101－1011 を計算しました（図3）．

　以下，同様の手順でAの最下位桁まで計算します．

　この例では，初めに 1010 から 1011 が引けるかどうかを考えましたが，論理回路では，実際に減算を行ってみて，その結果が正か負かで引けるかどうかを判定します．そして，もし減算結果が正になれば商に1を置き，負になれば商に0を置きます．減算結果が正か負かは，減算結果の最上位桁を見れば判断できます．最上位桁が0なら正，1なら負です．

　また，減算結果が負になったときには，数値を引く

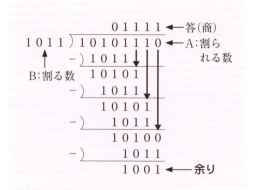

図1　筆算による除算

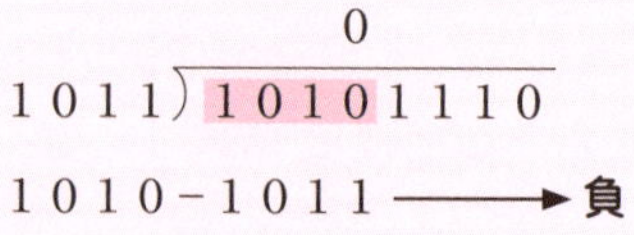

図2　引けない

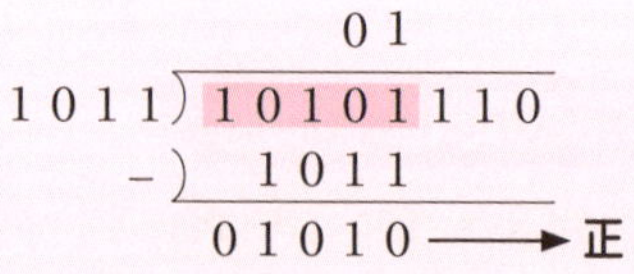

図3　引ける

前の値にデータを戻す必要があります．

この方法は，計算の途中で減算結果が負になったときに，値を元に戻すことから，**引き戻し法**，あるいは**回復法**とよばれています（図4）．

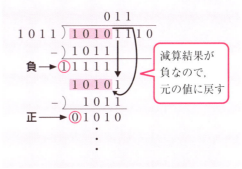

図4　引き戻し法による除算

2　シフトによる除算

乗算と同じように，除算においてもシフトを利用することができます．乗算では，2進数を左に1桁シフトするたびにデータが2倍されました．

一方，**除算では右シフト**を利用します．例えば，1100というデータを例にとります．このデータの桁をそれぞれ右に1桁シフトします（図5）．

最上位桁には0を代入します．シフトした結果と元のデータの関係をみます．2進数では考えにくいので10進数に変換して考えます．右に1桁シフトした結果は，元のデータの1/2倍になっています．

2進数を右に1桁シフトするたびに，データは1/2倍されていきます．例えば，ある値を1/32したければ，$32 = 2×2×2×2×2 = 2^5$なので，右に5桁シフトすればよいのです．

右シフトのときの最下位桁からの桁落ちを**アンダーフロー**といいます（図6）．

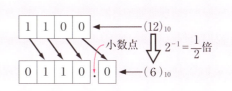

図5　1桁の右シフト

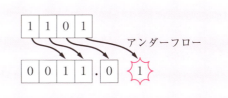

図6　アンダーフロー

Let's review 4-6

2進数 11110 ÷ 1000 をシフトを使って計算する方法を説明しなさい．

第4章 演算回路

7 算術論理演算装置

ALUは，万能な演算ICだ

1 算術演算と論理演算

演算には，**算術演算**と**論理演算**の2種類があります．算術演算は，日常的に行っている加算や減算などの四則計算に代表される演算です．一方，論理演算は，論理和（OR）や論理積（AND）など，ブール代数の世界における演算です．

例 2進数 0101 と 0111 について，算術演算（乗算）と論理演算（論理積：AND）を行う．

（1）算術演算（乗算）

答は，100011 となります（図1）．

（2）論理演算（論理積：AND）

論理演算では，桁（ビット）ごとの演算を行います．
答えは，0101 となります（図2）．

図1 例（1）

図2 例（2）

2 ALU（算術論理演算装置）

実際には，効率よく各種の演算に利用できる，**ALU**（arithmetic logic unit）とよばれる演算回路が作られています．

ALUは，**算術論理演算装置**と訳されます．その名のとおり，算術演算と論理演算の両方をこなす万能な演算ICです．

図3に，実際のALU IC，74HC381のピン配置を，また表1に動作表を示します．

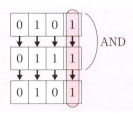

図3 74HC381のピン配置

7. 算術論理演算装置

このICは，4ビットの入力ピン2組（$A_3A_2A_1A_0$ および $B_3B_2B_1B_0$）と，4ビットの出力ピン1組（$F_3F_2F_1F_0$）を持っています．そして，3ビットの動作選択信号ピン $S_2S_1S_0$ に入力する信号によって，6種類の演算を切り替えて実行することができます．

例えば，$S_2S_1S_0$ に 010 を入力すれば，AとBの算術減算を実行し，100 を入力すればAとBの排他的論理和（EX-OR）を計算します．

C_n は下位桁からの桁上げ信号を受け取るためのピンで，$\overline{P}$，$\overline{G}$ は上位桁に桁上げ信号を出力するためのピンです．これらのピンを利用することで，ICを複数個用いた多数桁の演算回路を構成することができます．さらに多くの演算が行える ALU IC に 74HC181 があります（図4，表2）．

表1　74HC381の動作表

SELECTION			ARITHMETIC/LOGIC OPERATION
S_2	S_1	S_0	
0	0	0	CLEAR
0	0	1	B MINUS A
0	1	0	A MINUS B
0	1	1	A PLUS B
1	0	0	A $\oplus$ B (EX-OR)
1	0	1	A+B
1	1	0	A·B
1	1	1	PRESET

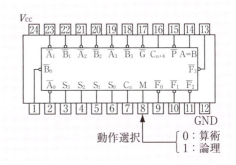

図4　74HC181のピン配置

表2　74HC181の動作表

SELECTION				M=1 LOGIC FUNCTIONS	ACTIVE·LOW DATA	
					M=0：ARITHMETIC OPERATIONS	
S_3	S_2	S_1	S_0		$C_n=0$ (no carry)	$C_n=1$ (with carry)
0	0	0	0	F=$\overline{A}$	F=A MINUS 1	F=A
0	0	0	1	F=$\overline{A\cdot B}$	F=A·B MINUS 1	F=A·B
0	0	1	0	F=$\overline{A}$+B	F=A·$\overline{B}$ MINUS 1	F=A·$\overline{B}$
0	0	1	1	F=1	F=MINUS 1 (2's COMP)	F=ZERO
0	1	0	0	F=$\overline{A+B}$	F=A PLUS (A+$\overline{B}$)	F=A PLUS (A+$\overline{B}$) PLUS 1
0	1	0	1	F=$\overline{B}$	F=A·B PLUS (A+$\overline{B}$)	F=A·B PLUS (A+$\overline{B}$) PLUS 1
0	1	1	0	F=$\overline{A\oplus B}$	F=A MINUS B MINUS 1	F=A MINUS B
0	1	1	1	F=$\overline{A}$+B	F=A+$\overline{B}$	F=(A+$\overline{B}$) PLUS 1
1	0	0	0	F=$\overline{A}\cdot B$	F=A PLUS (A+B)	F=A PLUS (A+B) PLUS 1
1	0	0	1	F=A$\oplus$B	F=A PLUS B	F=A PLUS B PLUS 1
1	0	1	0	F=B	F=A·$\overline{B}$ PLUS (A+B)	F=A·$\overline{B}$ PLUS (A+B) PLUS 1
1	0	1	1	F=A+B	F=(A+B)	F=(A+B) PLUS 1
1	1	0	0	F=0	F=A PLUS A	F=A PLUS A PLUS 1
1	1	0	1	F=A·$\overline{B}$	F=A·B PLUS A	F=A·B PLUS A PLUS 1
1	1	1	0	F=A·B	F=A·$\overline{B}$ PLUS A	F=A·$\overline{B}$ PLUS A PLUS 1
1	1	1	1	F=A	F=A	F=A PLUS 1

Let's review　4-7

74HC381 において，入力ピン A，B に 1101，0110 を，動作選択信号ピン S に 110 を入力した場合の，出力 F を答えなさい．

章末問題4

1. 右に示す二つの真理値表を完成させなさい.

①半加算器					②全加算器				
A	B	S	C		A	B	C_i	S	C_o
0	0				0	0	0		
0	1				0	0	1		
1	0				0	1	0		
1	1				0	1	1		
					1	0	0		
					1	0	1		
					1	1	0		
					1	1	1		

2. 半加算器を複数ビット同士の加算回路に使用する場合の問題点を説明しなさい.

3. ノイマンの全加算器の論理式
   $S=(A+B+C_i) \cdot \overline{C_o} + A \cdot B \cdot C_i$ を導出しなさい.

4. 並列加算方式について,直列加算方式と比較した特徴を答えなさい.

5. 右に示すのは,補数を用いた正負の表現をしている2進数において,4ビットの加減算を行う回路である.この回路について,次の問に答えなさい.
   ① 破線内に適切な回路を描きなさい.
   ② $A_3A_2A_1A_0$, $B_3B_2B_1B_0$, C_i が図に示した値の場合, $C_oS_3S_2S_1S_0$, $B_3' B_2' B_1' B_0'$ として適切な数値を記入しなさい.

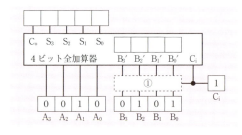

6. 右に示す二つの真理値表を完成させなさい.

①半減算器					②全減算器				
A	B	D	B_o		A	B	B_i	D	B_o
0	0				0	0	0		
0	1				0	0	1		
1	0				0	1	0		
1	1				0	1	1		
					1	0	0		
					1	0	1		
					1	1	0		
					1	1	1		

7. 2進数を左に4ビットシフトしたデータは,元のデータと比べてどのようになるか答えなさい.ただし,オーバーフローはしないものとする.

4章のまとめ

* 半加算器は,1ビットの加算を行う回路である.半加算器2個を用いて,全加算器1個を構成することができる.
* 全加算器は,下位桁から桁上げ信号を受け取り,上位桁に桁上げ信号を渡す機能を持った回路である.
* 補数を利用すれば,減算を加算として計算できる.
* 加減算回路は,制御信号を切り替えて,加算と減算が計算できる.
* ALUは,動作選択信号によって,各種の算術演算や論理演算が行える.

第5章 記憶回路

　これまで学んできたディジタル回路は，現在与えられているデータによって，出力の状態を決めました．このような回路は，組合せ回路とよばれます．一方，現在のデータに加えて，以前どのようなデータが与えられたか，ということによって動作状態を決める回路を，順序回路といいます．この章では，順序回路の基礎について学びます．

　順序回路は，データの状態を記憶しておくのに利用できます．章の始めでは，1ビットのデータを記憶する回路，フリップフロップについて学びます．ひと口にフリップフロップといっても，いくつもの種類があります．ここでは，RS，JK，T，D型のフリップフロップについて学習します．それぞれの回路の特徴をよく理解しましょう．

　また，章の後半では，シフトレジスタについて学びます．データを記憶しておく回路のことをレジスタとよびます．複数のレジスタをつないで，データを1ビットずつ移動しながら扱う回路がシフトレジスタです．

1. RSフリップフロップ1
2. RSフリップフロップ2
3. JKフリップフロップ
4. 各種のフリップフロップ
5. フリップフロップの機能変換
6. シフトレジスタ1
7. シフトレジスタ2

1 RSフリップフロップ1

記憶回路について理解しよう

1 記憶回路

ディジタル回路での「記憶」という意味を考えます．例えば，**図1**に示すバッファ回路Aにデータ1を入力すれば，出力は1となります．

次に入力データを0にすると，出力は0に変化します．つまり，最初に入力したデータに対する出力が変更されます．

一方，**図2**に示す回路Bを考えましょう．回路に1を入力して，出力1を得たとします．この回路では，次にどんなデータを入力しても，出力は1のままです．

つまり，回路Bは最初の出力（入力）データを保持しています．これが**記憶回路**です．1ビットのデータを記憶する回路を**フリップフロップ**とよびます．また，与えられたデータを保持することを，**ラッチ**（latch）といいます．

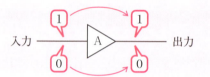

図1　バッファ回路A

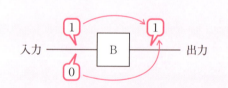

図2　記憶回路B

2 フリップフロップ（FF）

フリップフロップ（flip-flop）とは，「パタンパタン」という音を表す英語で，2個の安定状態を持ち，入力によって，パタンパタンとどちらかの安定状態に変わることから，こうよばれます．

また，flip-flopという英語は，ゴム製のサンダルという意味でも使われます．サンダルがパタンパタンと音を出すためでしょう．

3　RS-FF

リセット・セット・フリップフロップは，略して **RS-FF**（または，セット・リセット・フリップフロップ：SR-FF）とよばれます．図3にRS-FFの図記号，図4に実際の回路を示します．

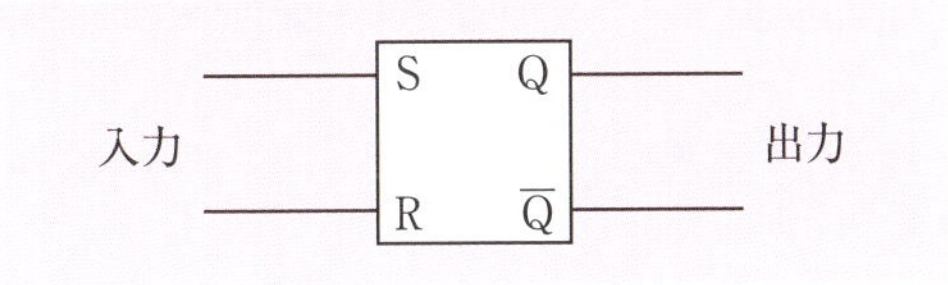

RS-FFの回路から動作を考えようとすると，ゲートの入力が決められずに戸惑うかもしれません．

RS-FFの動作を考える場合には，出力Qの値を，0か1に仮定します．

● **RS-FFの動作**

$S = 0$，$R = 0$のとき，

（1）Qが0と仮定します．

IC_2の入力は，$0 \cdot 1$になり，出力$\overline{Q}$は1になります（図5）．

$\overline{Q}$が1なので，IC_1の入力は$1 \cdot 1$になり，出力Qは0になります．これは初めにQが0とした仮定と同じです．つまり，Qの値は変化していません．

（2）Qが1と仮定します．

IC_2の入力は，$1 \cdot 1$になり，出力$\overline{Q}$は0になります（図6）．

$\overline{Q}$が0なので，IC_1の入力は$1 \cdot 0$になり，Qは1になります．これは初めにQが1と仮定した場合と同じです．つまり，Qの値は変化していません．

結局，$S = 0$，$R = 0$のときは，出力Qは，**最初の状態を保持**していることになり，**表1**に示すように，RS-FFの真理値表が求められます．表1は，RS-FFの動作を表していますが，Qや$\overline{Q}$の記号が入っているため，真理値表とは区別して，動作表または，特性表とよばれることもあります．

$S = R = 1$の場合の動作は，次の節で説明します．

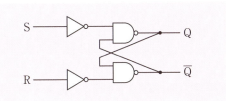

図3　RS-FFの図記号

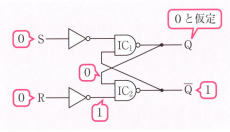

図4　RS-FFの回路

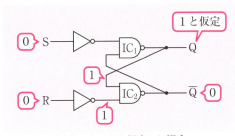

図5　Q＝0と仮定した場合

図6　Q＝1と仮定した場合

表1　RS-FFの真理値表

S	R	Q	$\overline{Q}$	動作
0	0	Q	$\overline{Q}$	保持
0	1	0	1	リセット
1	0	1	0	セット
1	1	不	定	禁止

Let's review　5-1

RS-FFをNORゲートを用いて構成しなさい．

2 RS フリップフロップ2

各種 RS-FF の動作を理解しよう

1　RS-FF の両入力が1の場合

　前の節で，RS-FF の真理値表（**表1**：再掲）について学びました．

　ここでは，両方の入力が1の場合の動作について考えましょう．

　S＝1，R＝1のとき，

IC₁ の入力ピンには，S からの信号1が論理否定され，0が入力されているので，出力Qは1になります（**図1**）．

　同様に，IC₂ の入力ピンには，R からの信号1が論理否定され，0が入力されているので，出力$\overline{Q}$は1になります．

　ここで注意しなければならないことがあります．上で考えたように，S＝1，R＝1と入力したときには，出力Q＝1，$\overline{Q}$＝1で安定します．しかしQと$\overline{Q}$の関係が矛盾しています．

　また，この状態で，次に S＝0，R＝0を入力すると，もし IC₁ の方が先に動作すれば，出力はQ＝0，$\overline{Q}$＝1となります．

　しかし，もし IC₂ の方が先に動作すれば，出力はQ＝1，$\overline{Q}$＝0となります．

　つまり，**出力が不定**となってしまいます．したがって，RS-FF では次回の出力が一定しない S＝1，R＝1の**入力を禁止**しています．

例　**図2**のタイムチャートで RS-FF の動作を確認する．

表1　RS-FF の真理値表

S	R	Q	$\overline{Q}$	動　作
0	0	Q	$\overline{Q}$	保　　持
0	1	0	1	リセット
1	0	1	0	セット
1	1	不　定		禁　　止

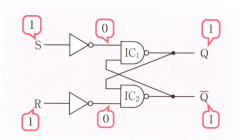

図1　S＝1，R＝1のとき

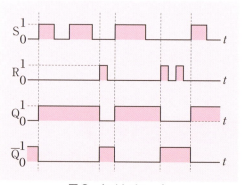

図2　タイムチャート

RS-FFの実験については，174ページを参照してください．

2 クロック入力付き RS-FF

図3は，クロック入力端子を備えている RS-FF の例です．この RS-FF は，クロックパルスの立上がりに合わせて動作します．

クロックは，トリガ（trigger：「きっかけ」という意味）ともよばれます．

例 図4のタイムチャートで，クロック入力付き RS-FF の動作を確認する．

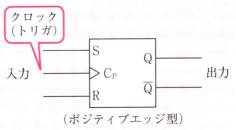

図3 クロック入力端子付き RS-FF

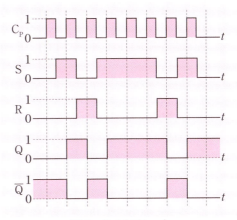

図4 タイムチャート

3 セット優先 RS-FF

RS-FF では，入力 S と R が同時に1となることは禁止されていました．この不都合をなくし，S＝1，R＝1 が入力されたときでも安定な動作をするようにしたのが，セット優先 RS-FF（図5），あるいは，リセット優先 RS-FF（図6）です．

これらの RS-FF は，入力 S と R が同時に1であるとき以外は，通常の RS-FF と同じ動作をします．しかし，S と R が同時に1になったときは，セット動作やリセット動作が行われて安定します．

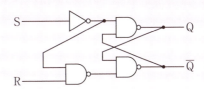

図5 セット優先 RS-FF の回路

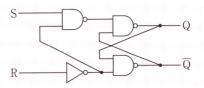

図6 リセット優先 RS-FF の回路

Let's review 5-2

セット優先 RS-FF の動作を説明しなさい．

3 JK フリップフロップ

JK-FFは，フリップフロップの王様だ

1 JK-FF

　JK-FF は，応用範囲の広いフリップフロップです．それで，**フリップフロップの王様**という意味で，キング（King）とジャック（Jack）から，この名前でよばれるようになったという説があります．

　一般的な RS-FF の不便な点は，入力端子 S と R に同時に 1 を入力するのが禁止されていることです．この欠点を改良したのが JK-FF です．

　図1に，JK-FF の図記号を示します．

　JK-FF の基本的な動作は，RS-FF と同じです．JK-FF の入力 J をセット，入力 K をリセットと考えればよいのです．

　そして，J と K に同時に 1 を入力した場合には，出力 Q が反転します．それまで保持していた出力値の NOT を新たな出力値とするのです．表1に，JK-FF の真理値表を示します．

例（1）図2のタイムチャートで，JK-FF の動作を確認する．

図1　JK-FF の図記号

表1　JK-FF の真理値表

J	K	Q	$\overline{Q}$	動　作
0	0	Q	$\overline{Q}$	保　持
0	1	0	1	リセット
1	0	1	0	セット
1	1	$\overline{Q}$	Q	反　転

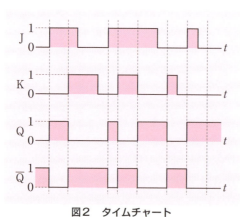

図2　タイムチャート

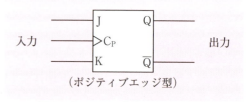

（ポジティブエッジ型）

図3　クロック入力端子付き JK-FF

JK-FFには，**クロック入力端子付き**のものがあります（図3）。

例（2）図4のタイムチャートで，クロック入力端子付きJK-FFの動作を確認する．

JK-FFには，非同期型または，同期型のクリア（リセット）端子の付いたものがあります．非同期型のクリア端子に有効な信号を入れると，クロック入力を無視して，出力Qを0にクリアします．図5に，**非同期型クリア端子付きJK-FF** IC, 74HC73を示します．

また，非同期型セット（プリセット）と非同期型リセット（クリア）端子が付いたJK-FFでは，他の端子からの入力信号より，セットとリセット入力端子からの信号を優先して動作します．図6に，**SR端子付きJK-FF**の図記号を示します．JK-FFの実験については，175ページを参照してください．

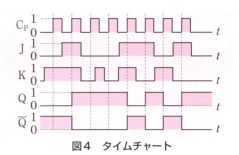

図4 タイムチャート

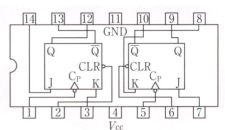

図5 74HC73

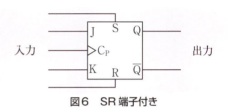

図6 SR端子付き

2 マスタスレーブ型

マスタスレーブ（master-slave）型FFは，マスタ部とスレーブ部の2段で構成されています（図7）．

スレーブ部は，マスタ部の動作を受けてから働きます．つまり入力パルスの立上り（ポジティブエッジ）直後に

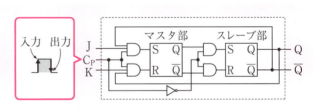

図7 マスタスレーブ型JK-FF

入力信号を取り込み，立下り（ネガティブエッジ）直後に出力信号を出します．これにより，出力信号が一瞬で入力側に戻ってしまうことを繰り返す発振（**レーシング**）を防ぐことができます．

Let's review 5-3

RS-FFとJK-FFの動作の違いを説明しなさい．

4 各種のフリップフロップ

T-FF と D-FF について理解しよう

1 T-FF

トリガ（または，トグル）・フリップフロップを T-FF と略します．図1に，T-FF の図記号を示します．

T-FF は，T が1のときにパルスが1個入力されるたびに出力を反転します．図2にポジティブエッジ型 T-FF，図3にネガティブエッジ型 T-FF のタイムチャートを示します．動作を確認してください．

T-FF の専用 IC は市販されていません．しかし，T-FF は他の FF を使って，簡単に構成できます．これについては，次の節で学びます．

図1　T-FF の図記号

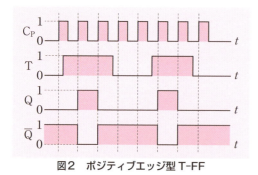

図2　ポジティブエッジ型 T-FF

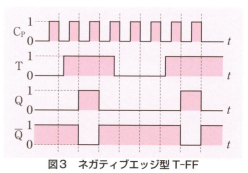

図3　ネガティブエッジ型 T-FF

2 D-FF

ディレイ・フリップフロップを D-FF と略します．ディレイ（delay）は，「遅らせる」という意味の英語です．図4に，D-FF の図記号を示します．

D-FF は，クロックパルスが入力されたときに，入力 D を取り込み，Q に出力します．図5に，ポジティブエッジ型 D-FF のタイムチャートを示します．

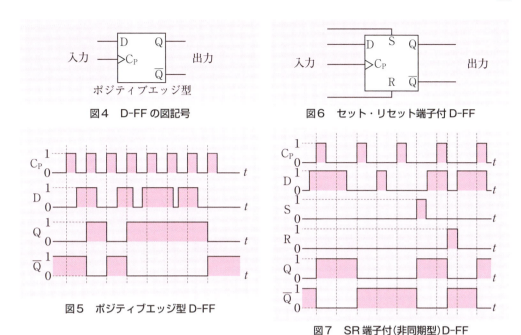

図4 D-FF の図記号

図6 セット・リセット端子付 D-FF

図5 ポジティブエッジ型 D-FF

図7 SR 端子付（非同期型）D-FF

図5から，クロックパルス C_P が0から1に立ち上がる瞬間に，入力Dの状態が読み取られ，出力Qを決めていることがわかります．

D-FFには，非同期型または，同期型のセット端子とリセット端子を持ったものがあります（図6）．

非同期型は，入力Dとクロックパルス C_P に関係なく，セット端子からの信号で出力Qを1にセットし，リセット端子からの信号で出力Qを0にリセットします．

つまり，D，C_P 端子よりS，R端子の入力が優先されるのです．一方，同期型は，セット端子とリセット端子の信号をクロックパルス C_P と同期して取り込んで動作します．

図7に，ポジティブエッジ型セット・リセット端子（非同期型）付き D-FF のタイムチャートを示します．

SR 入力端子（非同期型）付き D-FF には，CMOS では，74HC74 があります（図8）．

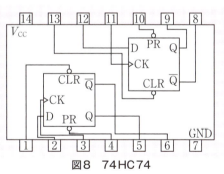

図8 74HC74

Let's review 5-4

D-FF について，タイムチャートを完成しなさい．

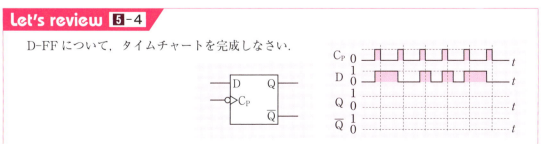

5 フリップフロップの機能変換

異なった FF を構成しよう

1　FF の機能変換

フリップフロップは，お互いに他のフリップフロップで構成することができます．例えば，D-FF で T-FF を，JK-FF で D-FF を作ることができるのです．

ここでは，**機能変換**のいくつかの例を学びましょう．

2　RS-FF の構成

非同期型のセット・リセット端子の付いたフリップフロップを使えば，簡単に RS-FF が構成できます．図1に D-FF を，図2に JK-FF を使って，RS-FF を構成する方法を示します．使わない入力ピンは，アース（"0"）に接続しておきます．

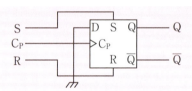

図1　D-FF による RS-FF の構成

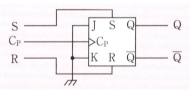

図2　JK-FF による RS-FF の構成

3　T-FF の構成

JK-FF は，入力 J，K の両方が 1 のとき，クロックパルス C_P が入力されるたびに出力が反転します．このことを利用して T-FF が構成できます．図3に，非同期型のセット・リセット端子の付いた JK-FF を使った T-FF の構成方法を示します．

図4に，非同期型のセット・リセット端子の付いた

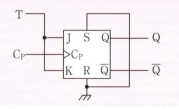

図3　JK-FF による T-FF の構成

D-FF を使った T-FF の構成方法を示します．この回路では，D-FF の出力 Q と $\overline{Q}$ を，入力 D 側にフィードバックしておきます．すると，T＝1 のときにクロックパルス C_P が入力されるたびに，出力 Q が反転し T-FF と同じ動作をします．

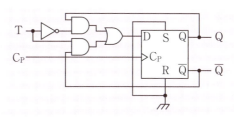

図4　D-FF による T-FF の構成

4　D-FF の構成

図5に，非同期型のセット・リセット端子の付いた JK-FF を使って，D-FF を構成する方法を示します．

入力 D に 0 を入れた場合は，J＝0，K＝1 となり，クロックパルスが有効なときに，出力 Q は 0 となります．入力 D に 1 を入れた場合は，J＝1，K＝0 となり，クロックパルスが有効なときに，出力 Q は 1 となります．

図6に，クロック端子付きの RS-FF を使って，D-FF を構成する方法を示します．

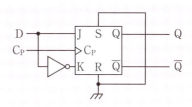

図5　JK-FF による D-FF の構成

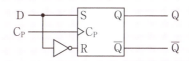

図6　RS-FF による D-FF の構成

5　JK-FF の構成

図7，図8に，D-FF と RS-FF を使って JK-FF を構成する方法を示します．

フリップフロップの機能変換では，出力信号を入力にフィードバックして動作させる場合があります．このような時には，マスタスレーブ型（93ページ参照）かクロック入力がポジティブエッジ型または，ネガティブエッジ型を用います．変化した出力信号が入力端子に戻って，動作の繰り返し（発振）が起こってしまうことを防ぐためです．

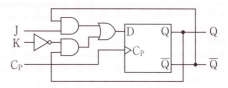

図7　D-FF による JK-FF の構成

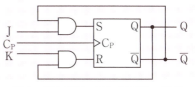

図8　RS-FF による JK-FF の構成

Let's review　5-5

クロック端子付きの RS-FF を使って，T-FF を構成しなさい．

6 シフトレジスタ1

シフトとは，データを運ぶこと

1 レジスタ

データを記憶する回路を**記憶回路**（メモリ）といいます．また，データを一時的に記憶しておく規模の小さい記憶回路は，**レジスタ**（register）とよばれます．

ディジタル回路では，レジスタがとても大切であり，コンピュータ内部で多く使われています．これまで学んできたフリップフロップの多くは，レジスタとして使用できます．例えば，RS-FFのセット端子は1を記憶するときの入力であり，リセット端子は0を記憶するときの入力と考えられます（図1）．

D-FFは，端子Dを1，0両方のデータ入力用に使います．端子C_Pはデータを取り込むトリガ端子になります（図2）．

フリップフロップは，1個で1ビットのレジスタとなるので，フリップフロップを必要な数だけ並べれば，複数ビットのレジスタが構成できます．

図3に，D-FFを2個並べて，**2ビットのレジスタ**を作った例を示します．

この回路では，クロックのポジティブエッジでD_1，D_2のデータを取り込み，記憶（出力）します．そして，クリア（CLR）端子に信号を入れると，記憶されていたデータが一斉にリセットされます．

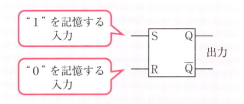

図1　レジスタとしてのRS-FF

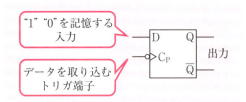

図2　レジスタとしてのD-FF

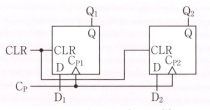

図3　2ビットレジスタの例

2 シフトレジスタ

レジスタを並べてデータを扱う回路に**シフトレジスタ**（shift register）があります．先ほど説明し

たレジスタ回路は，フリップフロップを並べて，データの記憶を行いました．しかし，並んでいるフリップフロップ同士はデータのやり取りをしていません．

シフトレジスタは，隣に並んでいるフリップフロップからデータを受け取り，または引き渡しを行う回路です．シフトレジスタのシフト（shift）は「運ぶ」という意味です．この名のとおり，シフトレジスタでは，並んでいるレジスタ間で，データを1ビットずつ運びます（図4）．

例えば，1ビットずつ入力されてくる4個のデータを記憶する場合を考えます．この場合，シフトレジスタを使って，入力データを1ビットずつ運びながら記憶していけばよいのです．

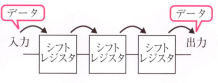

図4　シフトレジスタ

3　シフトの仕組み

D-FFを2個接続した回路を考えましょう（図5）．このような接続を，**カスケード接続**といいます．図6に，この回路の動作をタイムチャートで示します．

入力Dから入ったデータは，クロックパルスC_Pの立上りの瞬間（ポジティブエッジ）に，D_1に取り込まれ，Q_1に出力されます．そして，次のC_Pが入力されると，D_1はDからの新しいデータを取り込みます．同時にQ_1に出力されていた先ほどのデータは，D_2に取り込まれ，Q_2に出力されます．

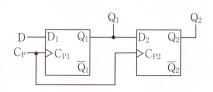

図5　D-FFによるシフトレジスタ

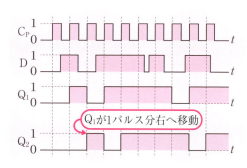

図6　タイムチャート

Let's review 5-6

次のシフトレジスタのタイムチャートを完成しなさい．

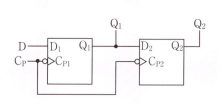

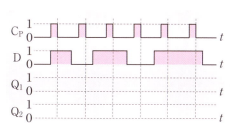

第5章 記憶回路

7 シフトレジスタ2

シリアルは直列,
パラレルは並列

1 シフトレジスタの種類

データが,直列に並んでいることを**シリアル**（serial），並列に並んでいることを**パラレル**（parallel）といいます（**図1**）.

シフトレジスタは，入出力データをシリアル，パラレルのどちらで扱うかによって分類できます.

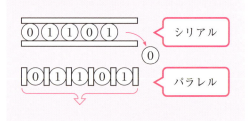

図1 シリアルとパラレル

2 シリアル入力・シリアル出力

シリアル入力・シリアル出力のシフトレジスタでは，シリアルに入力したデータが，クロックパルスをトリガ（きっかけ）にして，1ビットずつレジスタに取り込まれます．そして，レジスタ間をシフトしていき，最後にシリアルのまま取り出されます（**図2**）．

図3は，8ビットのシリアル入力・シリアル出力のシフトレジスタの構成例です．回路は，クロック入力端子の付いたRS-FFを8個並べた構成になっています．

入力Bを"1"に固定しておけば，クロックパルスがトリガとなって，入力Aのデータが取り込まれていきます．最初の入力データは，8個目のクロックパルスが入力されたときにQ_Hに出力されます．

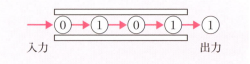

図2 シリアル入力・シリアル出力

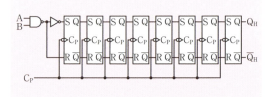

図3 シフトレジスタの構成例

3 シリアル入力・パラレル出力

シリアル入力・パラレル出力のシフトレジスタは，それぞれのレジスタから出力ピンを取り出してあります．そのため，すべてのレジスタに取り込まれているデータを一斉に取り出すことができます．図4に，4ビットのシリアル入力・パラレル出力のシフトレジスタの例を示します．

シリアル入力・パラレル出力のシフトレジスタには，74HC164などがあります．

シリアル入力・パラレル出力のシフトレジスタを1行として，これにより多数の行を構成して，LEDなどの表示素子を接続します．

すると，文字や図形が流れるように表示される電光掲示板回路を作ることができます（図5）．文字や図形の流れる速さは，入力するクロック信号の周波数（または，周期）で調整できます．

図4 シリアル入力・パラレル出力

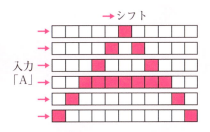

図5 電光掲示板のイメージ

4 パラレル入力・シリアル出力

パラレル入力・シリアル出力のシフトレジスタは，入力データをパラレルに取り込み，シフトによって1ビットずつシリアルに出力します．74HC165は，8ビットのパラレル入力・シリアル出力のシフトレジスタです（図6）．

SHIFT/LOAD端子を"0"にすると，各レジスタに8ビットのパラレルデータが取り込まれます（図7）．

そして，SHIFT/LOAD端子を"1"にして，CLOCK INHIBIT（クロックパルスを有効にする）端子を"0"にすると，クロックパルスのポジティブエッジごとに，取り込まれていたデータが右にシフトされ，Q_Hからシリアルに出力されます．

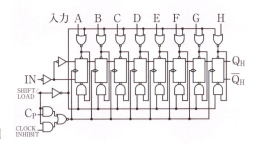

図6 74HC165の内部構造

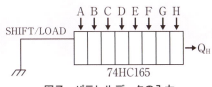

図7 パラレルデータの入力

Let's review 5-7

ディジタルIC，74HC195について規格表で調べなさい．

章末問題5

1. 右に示す RS-FF の真理値表を完成させなさい.
2. RS-FF において，S = R = 1 の入力を禁止する理由を答えなさい

S	R	Q	$\bar{Q}$	動作
0	0			
0	1			
1	0			
1	1			

3. 次に示す D-FF についてのタイムチャートを完成しなさい．ただし，リセット端子 R は同期型とする．

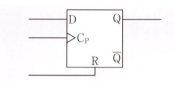
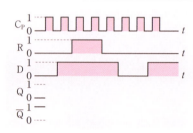

4. 右に示す回路は，どのような動作をするか答えなさい．

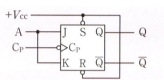

5. 次に示すシフトレジスタについてのタイムチャートを完成しなさい．

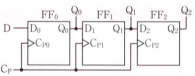

6. 問題5に示したシフトレジスタを，シリアル入力・パラレル出力の変換器として使用する場合は，どのようにすればよいか説明しなさい．

5章のまとめ

* フリップフロップ(FF)は，2個の安定状態を切り替える回路である．
* RS-FF ではリセット，セット端子を同時に"1"にすることは禁止されており，JK-FF は JK 2個の入力を同時に"1"にすると出力が反転する．
* T-FF は，クロックパルスを入力するたびに，出力を反転させることができる．D-FF は，クロックパルスの入力をきっかけにしてデータ取り込み，出力する．
* レジスタとは，データを記憶する回路のことである．シフトレジスタとは，複数のデータを順次記憶する回路のことである．

第6章 計数回路

　入力したパルスの個数をカウントする回路を，計数回路またはカウンタとよびます．カウンタは，フリップフロップ（FF）を用いて構成できます．カウンタの動作には，非同期式と同期式があります．前段のFFからの信号が次段に伝わり，将棋倒しのように順々と動作をしていくのが非同期式です．一方，すべてのFFが，共通のクロックパルスで，一斉に動作するのが同期式です．

　ディジタル回路は，2進数を基本に動作しているので，カウンタで数えるのは，やはり2進数が基本です．しかし，回路に少しの変更を加えることで，2進数以外の任意のn進数を数えることができるようになります．

　この章では，基礎になる2進カウンタの仕組みを学びます．その後，2^k進カウンタ，n進カウンタへと進みます．

　また，カウントデータの設定ができるプリセット機能付きのカウンタICについても学習しましょう．

　章の終わりでは，ジョンソンカウンタとリングカウンタについて学びます．

1．カウンタの基礎
2．非同期式カウンタ
3．非同期式カウンタの設計
4．同期式カウンタ
5．同期式カウンタの設計
6．カウンタの組合せ
7．ジョンソンカウンタ

1 カウンタの基礎

カウンタの仕組みを理解しよう

1　2進数カウンタ

図1に，T-FFのタイムチャートを示します．パルスが2個入力されるたびに，1個のパルスが出力されています．

図2に，T-FF 3個を直列に接続した場合の回路構成とタイムチャートを示します．この場合，T-FF 1段ごとに，2個のパルスが1個のパルスに変換されています．そして，出力 Q_1, Q_2, Q_3 を2進数の 2^0, 2^1, 2^2 ビット目に対応させて考えれば，この回路は，入力パルスをトリガにして，2進数 000 から 111 までをカウントしていることになります．これは8進カウンタの動作です．

この回路では，出力 111 の次は 000 に戻りますが，接続する T-FF の数を増やしていけば，数えられる範囲を広くできます．例えば，T-FF を4個接続すれば，0 から 2^4-1 までの2進数がカウントできます．

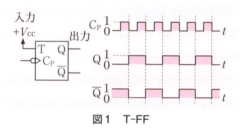

図1　T-FF

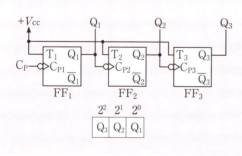

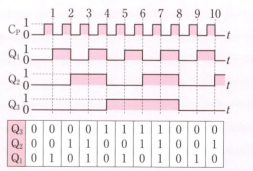

図2　8進（アップ）カウンタ

2　ダウンカウンタ

図2の回路では，ネガティブエッジ型の T-FF を使いましたが，ここではポジティブエッジ型を使

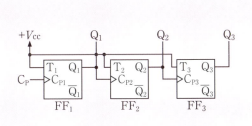
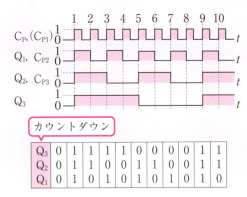

図3　ダウンカウンタ

った場合を考えてみましょう（**図3**）．この回路は，000からカウントダウンするカウンタになります．

図3のように，数を順々に減らしていくカウンタをダウンカウンタといいます．このように，カウンタには，**アップカウンタ**と**ダウンカウンタ**があります．

ポジティブエッジ型のT-FFを使ってアップカウンタを作るには，**図4**に示すように，出力$\overline{Q}$を使用します．

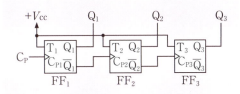

図4　アップカウンタ

3 非同期式と同期式

カウンタの動作を時間的な視点で考えてみましょう．

図5の回路では，C_{P1}に最初にクロックパルスを1個入れると，Q_1が1になり，その1がC_{P2}に入力され……といった具合に，FFは前段のFFの動作を待って，順に動作しています．このような動作をしていく方式を**非同期式**といいます．一方，**図6**に示すように，接続されたFFがすべて同時に動作する方式を**同期式**といいます．

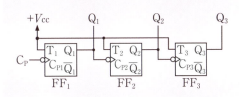

図5　非同期式カウンタ

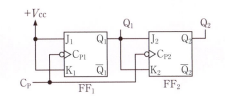

図6　同期式カウンタ

Let's review 6-1

64進カウンタを作るのに必要なT-FFの個数を答えなさい．

2 非同期式カウンタ

非同期式カウンタの基礎を理解しよう

1 非同期式 2^k 進カウンタ

図1に，T-FFをk個使った2^k進カウンタを示します．このように，FFを直列につなぐことを，カスケード接続といいます（99ページ参照）．

使用するFFの個数は，4進カウンタで2個，8進カウンタで3個です．k個のFFを使って構成できる最も大きいカウンタの進数は2^kで計算できます．

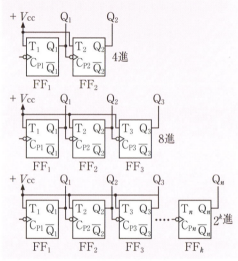

図1　T-FFによる2^k進カウンタ

2 非同期式3進カウンタ

2^k進以外のカウンタ，例えば，**3進カウンタ**について考えてみましょう．

3進カウンタは，4進カウンタをもとにして構成できます．T-FFは，実際にはIC化されていないので，ここではD-FFを使った回路を考えます．図2に示すように，D-FFから，T-FFを構成することができます．ただし，ここで構成したものは，いつもT＝1としたT-FFとして動作します．つまり，有効なC_Pが入力されるたびに出力Qと$\overline{Q}$を反転します．

図3に，D-FFを用いた非同期式4進カウンタの回路を示します．

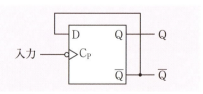

図2　D-FFによるT-FFの構成

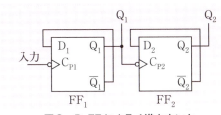
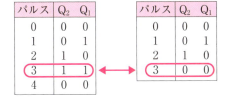

図3 D-FFによる4進カウンタ

表1 4進カウンタ　表2 3進カウンタ

表1の4進カウンタと，表2の3進カウンタの動作表を比較してください．

4進カウンタでは，3個目のクロックパルスをカウントするとQ_1，Q_2は共に1になります．

しかし，3進カウンタでは，このときにQ_1，Q_2が共に0になることが必要です．つまり，4進カウンタで，1・1が出力される時に，FFをクリアすれば，3進カウンタとして動作します．このために，リセット入力の付いたD-FFを使ってFFを**強制的に**リセットします．

図4に，ANDゲートを用いて，Q_1，Q_2が共に1となる瞬間にFFをリセットする回路を示します．
図5に示すタイムチャートで，3進カウンタの動作を確認してください．

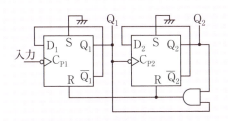
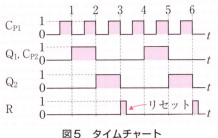

図4 非同期式3進カウンタ　　　図5 タイムチャート

3 アップ・ダウン切り替えカウンタ

図6に，JK-FFを使った非同期式の8進カウンタを示します．この回路は，ゲートを利用して，端子C_Pに加わる入力が，Qか$\overline{Q}$のどちらかを選択できるようにしています．このようにすることで，アップカウンタとダウンカウンタの切り替えが行えます．

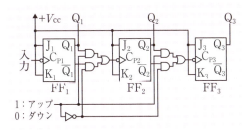

1：アップ
0：ダウン

図6 アップ・ダウン切り替えカウンタ

Let's review 6-2

JK-FFを使って，非同期式8進アップカウンタを構成しなさい．

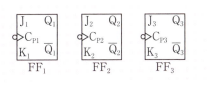

3 非同期式カウンタの設計

任意の非同期式 n 進カウンタを設計しよう

1 非同期式 n 進カウンタ

任意の非同期式 n 進カウンタは，3進カウンタと同様の考え方で構成することができます．

（1）非同期式5進カウンタ

5進カウンタでは，Q_3, Q_2, Q_1 がそれぞれ 1・0・1 になるときに，FFをリセットすればよいのです．表1に，5進カウンタの動作表を示します．

1・0・1 の入力があったときだけ1を出力する回路は，図1に示すように，ゲートを使って作ることができます．

図2に，5進アップカウンタの回路を示します．

動作表を見て，さらによく考えると，Q_3, Q_1 の両方が初めて1になるときに，Q_3, Q_2, Q_1 がそれぞれ 1・0・1 になることがわかります．

このことを利用すると，5進カウンタ回路は，図3に示すように簡単化することができます．

（2）非同期式6進カウンタ

表2に，6進アップカウンタの動作表を示します．このカウンタでは，Q_3, Q_2, Q_1 がそれぞれ 1・1・0 になるときに，FFをリセットします．

動作表から，Q_3, Q_2 の両方が初めて1になるときに，Q_3, Q_2, Q_1 がそれぞれ 1・1・0 になることがわかります．したがって，6進カウンタ回路は，図4に示すようになります．

表1 5進カウンタの動作表

パルス	Q_3	Q_2	Q_1
0	0	0	0
1	0	0	1
2	0	1	0
3	0	1	1
4	1	0	0
5	0	0	0

101のときにリセットする

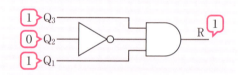

図1 リセット信号発生回路

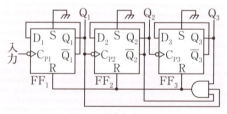

図2 5進カウンタ

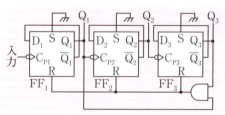

図3 簡単化した5進カウンタ

3. 非同期式カウンタの設計

表2　6進カウンタの動作表

パルス	Q_3	Q_2	Q_1
0	0	0	0
1	0	0	1
2	0	1	0
3	0	1	1
4	1	0	0
5	1	0	1
6	0	0	0

110のときにリセットする

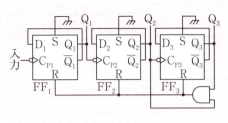

図4　6進カウンタ

（3）非同期式10進カウンタ

私たちに最も馴染みの深い10進カウンタを構成しましょう．表3に，10進カウンタの動作表を示します．このカウンタは，FFを4個接続した $16(=2^4)$ 進カウンタをもとにします．

10進アップカウンタは，Q_4, Q_3, Q_2, Q_1 がそれぞれ 1・0・1・0 になるときに，FFをリセットします．動作表から考えると，Q_4, Q_2 の両方が初めて1にな

表3　10進カウンタの動作表

パルス	Q_4	Q_3	Q_2	Q_1
0	0	0	0	0
1	0	0	0	1
2	0	0	1	0
3	0	0	1	1
4	0	1	0	0
5	0	1	0	1
6	0	1	1	0
7	0	1	1	1
8	1	0	0	0
9	1	0	0	1
10	0	0	0	0

1010のときにリセットする

るときに，Q_4, Q_3, Q_2, Q_1 がそれぞれ 1・0・1・0 になることがわかります．したがって，10進カウンタ回路は，図5に示すようになります．

非同期式カウンタの実験については，176ページを参照して下さい．

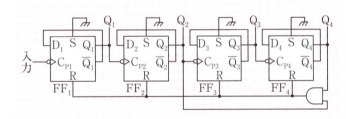

図5　10進カウンタ

Let's review 6-3

次の図はネガティブエッジ型JK-FFを使った非同期式7進アップカウンタである．同じ回路をポジティブエッジ型D-FFを使って構成しなさい．

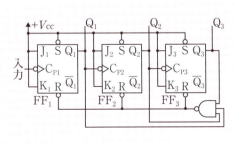

109

第6章 計数回路

4 同期式カウンタ

同期式カウンタの基礎を理解しよう

1 同期式 2^k 進カウンタ

同期式カウンタは,非同期式と同様に,T-FFの動作が基本になります.しかし,T-FFのICは市販されていませんから,ここではJK-FFを使って,同期式 2^k 進カウンタを構成する方法を学びましょう.

同期式カウンタでは,共通のクロックパルスをトリガにして,**各FFが一斉に動作**します.

したがって,動作時の入力条件は,クロックパルスが入る直前の状態を考える点に注意してください.

JK-FFの入力J,Kの両方を1 ($+V_{cc}$) に接続しておけば,クロックパルスが入力されるたびに,出力を反転するT-FFが構成できます(**図1**).

図1　JK-FFによるT-FF

表1　4進カウンタの動作表

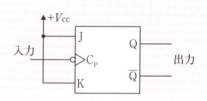

(1) 4進カウンタ

表1に4進アップカウンタの動作表を,**図2**に回路を示します.

出力 Q_1 は,クロックパルスが入力されるたびに反転しています.これは,T-FFの動作そのものですから,FF_1 の端子J,Kをともに1に接続しておきます.出力 Q_2 は,Q_1 が1から0に変わるときにのみ反転しています.つまり,Q_2 が反転する直前には,必ず Q_1 が1になっているということです.そこで,FF_2 の端子J,Kは,Q_1 に接続します.

FF_1,FF_2 の端子 C_P は,どちらも直接クロック信号を入力します.

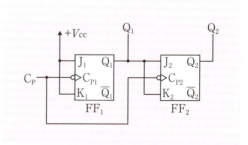

図2　同期式4進カウンタ

（2）8進カウンタ

表2に8進カウンタの動作表を，図3に回路を示します．

Q_1，Q_2については，いま学んだ4進カウンタと同じです．Q_3が反転する直前には，Q_1，Q_2が1になっている点に注目してください．このことから，Q_1，Q_2のANDをFF_3の端子J，Kに入力すれば，8進カウンタが構成できます．

（3）16進カウンタ

これまでと同様の考え方で，16進カウンタの動作表を書いてみると，Q_4が反転する直前には，Q_1，Q_2，Q_3すべてが1であることがわかります．したがって，Q_1，Q_2，Q_3のANDをFF_4の端子J，Kに入力すれば，16進カウンタが構成できます（図4）．

この方法では，FFを増やしていくに従って，多入力ANDゲートが必要になってしまうので，図5に示すように，2入力のANDゲートを組み合わせることで，同期式2^k進カウンタを構成する方法があります．

非同期式カウンタと同様に，同期式カウンタにおいても，k個のFFを使って構成できる最も大きいカウンタの進数は，2^kで計算できます．

表2 8進カウンタの動作表

パルス	Q_3	Q_2	Q_1
0	0	0	0
1	0	0	1
2	0	1	0
3	0	1	1
4	1	0	0
5	1	0	1
6	1	1	0
7	1	1	1
8	0	0	0

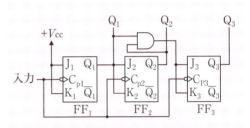

図3　同期式8進カウンタ

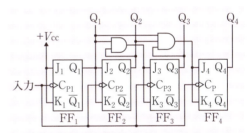

図4　同期式16進カウンタ

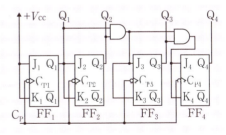

図5　同期式16進カウンタ

Let's review 6-4

ネガティブエッジ型JK-FFを用いて，同期式4進ダウンカウンタを構成しなさい．

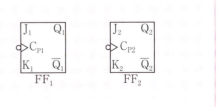

5 同期式カウンタの設計

任意の同期式n進カウンタを設計しよう

1 同期式3進カウンタ

表1に，3進カウンタの動作表を示します．**3進カウンタ**では，3個目のクロックパルスが入力されたときにQ_1，Q_2が共に0にリセットされます．

図1に示す，JK-FFを使った3進カウンタの動作を考えましょう．

この回路では，2個のFFの入力Kが1に接続してあります．したがって，入力Jが0のときはQはリセットされ，入力Jが1のときにQは反転します．

（1）最初は，Q_1，Q_2が共に0です．この状態では，$\overline{Q_1}$，$\overline{Q_2}$は共に1となっています．

（2）1個目のクロックパルスが入力されると，FF_1は$J_1 = 1$，$K_1 = 1$ですから反転動作をし，$Q_1 = 1$，$\overline{Q_1} = 0$となります．また，FF_2には直前まで$J_2 = 0$が入力されていたので，$Q_2 = 0$，$\overline{Q_2} = 1$のまま変化しません（図2）．

（3）2個目のクロックパルスが入力されると，FF_1は$J_1 = 1$，$K_1 = 1$ですから反転動作をし，$Q_1 = 0$，$\overline{Q_1} = 1$となります．また，FF_2は直前まで$J_2 = 1$が入力されていたので反転動作をし，$Q_2 = 1$，$\overline{Q_2} = 0$となります（図3）．

（4）3個目のクロックパルスが入力されると，FF_1は$J_1 = 0$，$K_1 = 1$ですからリセットされ，$Q_1 = 0$，$\overline{Q_1} = 1$となります．また，FF_2は直前まで$J_2 = 0$が

表1 3進カウンタの動作表

パルス	Q_2	Q_1
0	0	0
1	0	1
2	1	0
3	0	0

Q_2, Q_1をリセットする

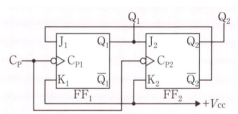

図1 同期式3進カウンタ

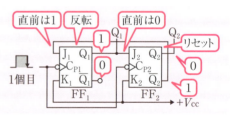

図2 クロックパルス1個目

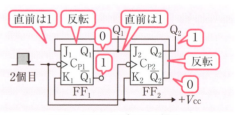

図3 クロックパルス2個目

入力されていたので，これもリセットされ，$Q_2 = 0$，$\overline{Q_2} = 1$ となります（**図4**）．

図5に示す，同期式3進カウンタのタイムチャートで動作を確認してください．

このタイムチャートは、107ページの図5に示した，非同期式3進カウンタのタイムチャートと同じです．しかし，FFの動作するタイミングが異なっていることに注意して下さい．

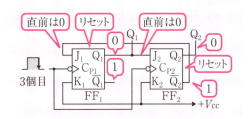

図4　クロックパルス3個目

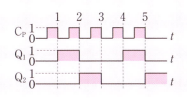

図5　タイムチャート

2　同期式5進カウンタ

5進アップカウンタを構成してみましょう．

同期式8進カウンタを利用して，5個目のクロックパルスが入力されたときに，すべてのFFがリセットされるように構成します（**表2**，**図6**）．

（1）FF_1は，5個目のクロックパルスでセットされないように，J_1を$\overline{Q_3}$に接続し，直前で$\overline{Q_3}$が0だったときには，セットできないようにしておきます．FF_2は，5個目のクロックパルスで$Q_2 = 0$となるので，そのままで構いません．

（2）FF_3は，$Q_2 = Q_1 = 1$の次だけセットし，その他のときはリセットするため，Q_1とQ_2のANDをJ_3入力とします．

同期式カウンタの実験については，177ページを参照してください．

表2　5進カウンタの動作表

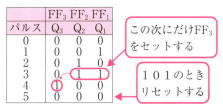

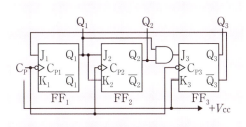

図6　同期式5進カウンタ

Let's review 6-5

ネガティブエッジ型JK-FFを使って，同期式3進ダウンカウンタを構成しなさい．

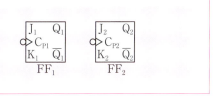

6 カウンタの組合せ

カウンタを効果的に構成しよう

1 カウンタの組合せ

図1に，74HC93の構成を示します．

このICは，4個のFFを用いた非同期式カウンタです．しかし，FF_1とFF_2が接続されておらず，FF_1とFF_2のC_Pが独立しています．このため，次の3通りの使い方ができます．

（1）16進カウンタ

FF_1の出力をFF_2の入力に接続して使用します．

（2）2進カウンタ

FF_1のみを使用します．

（3）8進カウンタ

$FF_2 \sim FF_4$を使用します．

また，74HC390は，2進カウンタと5進カウンタが，それぞれ2個内蔵されたICです（図2）．

74HC390を使うと，4個のカウンタの組合せでいろいろなn進カウンタが構成できます（表1，図3）．

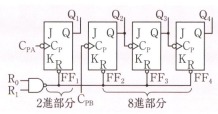

図1 74HC93

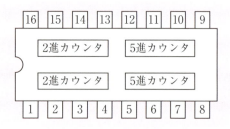

図2 74HC390

表1 カウンタの組合せ

進	組合せ
2	2進 × 1
4	2進 × 2進
5	5進 × 1
10	2進 × 5進
20	2進 × 2進 × 5進
25	5進 × 5進
50	2進 × 5進 × 5進
100	2進 × 5進 × 2進 × 5進

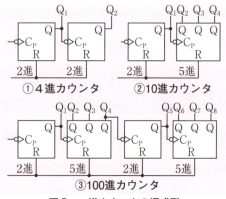

図3 n進カウンタの構成例

2 プリセット付きカウンタ

プリセット機能の付いたカウンタ用ディジタルICもあります．プリセット機能を使えば，任意のデータを必要なタイミングでICに取り込んで設定することができます．例えば，74HC160は，プリセット機能の付いた4ビットの同期式カウンタICです(図4)．

表2に，このICの動作表を示します．この表において，Xと記載されている箇所は，値が0か1のどちらでもよいことを示しています．

設定したい4ビットデータを入力端子A，B，C，Dに入力した後，CLEAR端子を1，LOAD端子を0にすれば，データA，B，C，Dが出力端子Q_4，Q_3，Q_2，Q_1の値として反映されます．ただし，プリセットは，クロックC_Pに同期して実行されることに注意しましょう．また，CLEAR動作は，クロックに非同期で実行されます．プリセットがクロックに非同期で，データがすぐに出力端子に反映されるICには，74HC191(図5，表3)などがあります．

74HC160のプリセットを行った後，CLEAR端子を1，LOAD端子を1，さらにENABLE(TとP)端子を1にすれば，クロックの立上り時に，設定したデータを初期値としてカウントアップ動作を行います．

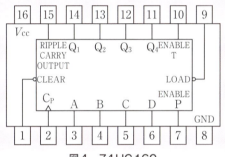

図4　74HC160

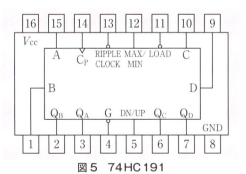

図5　74HC191

表2　74HC160の動作表

入力					動作
CLEAR	LOAD	C_P	ENABLE		
			P	T	
1	1	↑	1	1	カウント
1	0	↑	X	X	データセット
0	X	X	X	X	クリア
1	X	X	X	1	RIPPLE CARRY OUTPUT = 1

表3　74HC191の動作表

入力				動作
LOAD	D/U	C_P	G	
1	0	↑	0	カウントアップ
1	1	↑	0	カウントダウン
0	X	X	X	データセット
X	0	0	0	オール1
X	0	X	X	
X	1	0	0	オール0
X	1	X	X	

Let's review 6-6

74HC393について規格表で調べなさい．

7 ジョンソンカウンタ

ジョンソンカウンタとリングカウンタ

1 ジョンソンカウンタ

ジョンソンカウンタは，シフトレジスタの動作を応用したカウンタです．

図1に示すように，4個のD-FFを接続した場合を考えてみましょう．最終段の出力$\overline{Q}_4$を初段の入力D_1にフィードバックしている点に注目してください．

すべてのFFをリセットした直後には，FF_1のD_1端子に1が入力されています．その後，クロックパルスを入力していったときのタイムチャートを，図2に示します．

8個目のクロックパルスで，すべてのFFはリセットされるので，この回路は8進カウンタとして動作していることがわかります．このようなカウンタをジョンソンカウンタといいます．

ジョンソンカウンタでは，k個のFFを並べて接続することで，$2 \times k$進カウンタが構成できます．

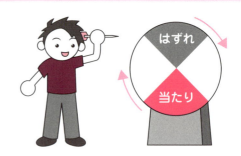

図1　8進ジョンソンカウンタ

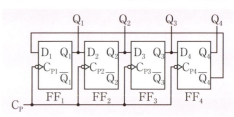

図2　タイムチャート

表1　2進数との対応

パルス	2進数	ジョンソンカウンタ
0	0000	0000
1	0001	0001
2	0010	0011
3	0011	0111
4	0100	1111
5	0101	1110
6	0110	1100
7	0111	1000

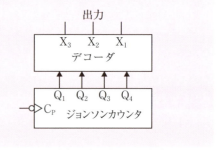

図3　出力形式を変更する方法

ただし，この8進カウンタでは，8通りの出力が得られてはいますが，出力は通常の2進数で数をカウントする場合とは異なっています(**表1**).

したがって，ジョンソンカウンタの出力を通常のアップカウントまたはダウンカウント形式にするためには，**デコーダ**(復号器)が必要になります(**図3**).

デコーダについては，第8章で詳しく学びます.

2 リングカウンタ

図4に示す回路の動作を考えてみましょう．最終段を除くすべての出力QのNORをとったものが，初段のFFのD_1端子に入力されています．

したがって，最初にすべてのFFをリセットした直後では，D_1にのみ1が入力されています．

図5に，この回路のタイムチャートを示します．

クロックパルスを入れるたびに，1がシフトしていきます．そして，最終段のFF_4までシフトすると，また初段のFF_1に1が戻ります．つまり動作中には，どれか1個のFFから1が出力されており，それが回転していきます．

このような回路を，**リングカウンタ**といいます．リングカウンタでは，k個のFFを並べて接続することで，k進カウンタが構成できます．

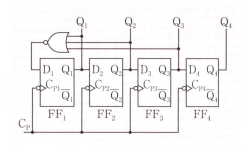

図4　4進リングカウンタ

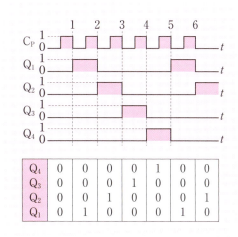

図5　タイムチャート

Let's review 6-7

ネガティブエッジ型のJK-FFを使って，4進リングカウンタを構成しなさい．

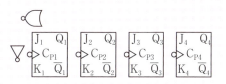

第6章 計数回路

章末問題6

1. 右に示す回路は，どのようなカウンタとして動作するか答えなさい．

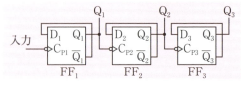

2. 右に示すカウンタA，Bについて，動作の違いを説明しなさい．

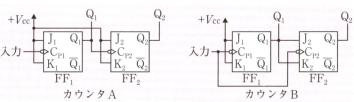

3. 非同期式10進カウンタ（109ページ図5）について，動作に関する短所を答えなさい．

4. 同期式 2^k 進カウンタに使用する AND ゲートについて，k が大きくなった場合に問題となることを答えなさい．また，その解決法について説明しなさい．

5. 右に示す回路は，どのようなカウンタとして動作するか答えなさい．

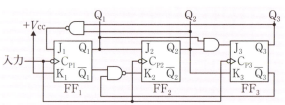

6. 右に示す回路は，どのようなカウンタとして動作するか答えなさい

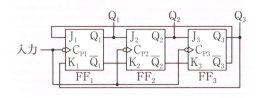

7. 16進カウンタを構成したい．次の場合に必要となるフリップフロップの数を答えなさい．
   ① 必要なフリップフロップの最低個数
   ② リングカウンタ　③ ジョンソンカウンタ

6章のまとめ

* T-FF を k 個使えば，2^k 進カウンタが構成できる．
* カウンタには，アップカウンタとダウンカウンタがある．
* カウンタの動作には，非同期式と同期式がある．
* 複数のカウンタを組み合わせることで，より大きな n 進カウンタを構成できる．
* プログラマブルカウンタは，カウントする数を自由に設定できる．
* ジョンソンカウンタでは，FFを k 個使うと，$2 \times k$ 進のカウンタが構成できる．

第7章 パルス回路

　ディジタル回路は，0と1の信号を処理する回路でした．例えば，NOT回路に0を入力すると，出力には1が出てきます．次に，NOT回路に入力する信号を時間と共に変化させると出力はどうなるでしょうか．もちろん，入力信号に対応した論理否定出力が得られます．このように，時間と共に状態が変化する信号をパルス信号とよびます．ディジタル回路では，動作がパルス信号をきっかけにして行われることがよくあります．これまでに学んだフリップフロップやシフトレジスタ，カウンタなどの動作も，パルス信号と深くかかわっています．

　この章の前半では，パルス信号を作る回路について学びます．方形波は，ディジタル回路でよく使われるパルス信号です．方形波を作る回路として，トランジスタを使ったマルチバイブレータ回路を学習しましょう．次に，パルス信号を加工する波形整形回路について学びます．

　章の後半では，ノイズによるディジタル回路の誤動作を防ぐ働きをするシュミットトリガ回路について学習します．

　この章で，パルス信号に関する理解を深めましょう．

1. 非安定マルチバイブレータ
2. 単安定マルチバイブレータ
3. 双安定マルチバイブレータ
4. 微分・積分回路
5. 波形整形回路1
6. 波形整形回路2
7. シュミットトリガ

第7章 パルス回路

1 非安定マルチバイブレータ

方形波を作る回路を理解しよう

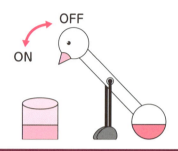

1 マルチバイブレータ

パルス信号には，多くの形がありますが，ディジタル回路では，**方形波**がよく利用されます（図1）．

マルチバイブレータは，方形波を発生する回路であり，**非安定，単安定，双安定**の3種類があります．いずれの回路も，コンデンサの充放電現象と，**トランジスタのスイッチング作用**を利用します．

トランジスタのスイッチング作用により，NPNトランジスタの場合，ベースに正の電圧をかけるとベース－エミッタ間に電流が流れ，それによってコレクター－エミッタ間にも電流が流れます．しかし，ベースに正の電圧がないと，コレクター－エミッタ間は非導通になります（図2）．

図1 各種のパルス波形

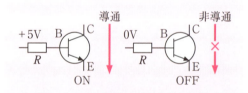

図2 トランジスタのスイッチング作用

2 非安定マルチバイブレータ

非安定マルチバイブレータは，単独で方形波を連続的に発生する回路です．

●**非安定マルチバイブレータの動作**

図3の回路に，電圧 V_{cc} を加えると，どちらかのトランジスタがONになりますが，ここでは Tr_1 がONになると仮定します．トランジスタは，同じ型番でも厳密には，実際の特性が少しずつ異なります．それで，感度のよいトランジスタの方が先にONとなります．

（1）電流は V_{cc} から，R_1 を通って Tr_1 のベースに

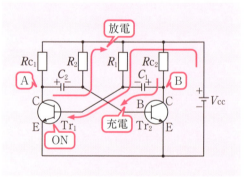

図3 非安定マルチバイブレータ

120　絵とき ディジタル回路入門早わかり（改訂2版）

流れ，Tr_1 は ON になります．

（2）Tr_1 が ON なので，点 A はアース電位と等しくなり，C_2 は R_2 を通して放電状態になります．Tr_2 のベースは C_2 のマイナス端子とつながっているため，Tr_2 は OFF となります．

（3）Tr_2 が OFF のため，点 B は正電位なので，C_1 は充電状態になります．

（4）C_2 の放電が終わると，V_{cc} からの電流は，R_2 を通って Tr_2 のベースに流れ，Tr_2 は ON となります（図4）．

（5）Tr_2 が ON になれば，点 B はアース電位になり，C_1 は R_1 を通して放電を始めます．Tr_1 のベースは C_1 のマイナス端子とつながっているため，Tr_1 は OFF となります．

（6）Tr_1 が OFF のため，点 A は正電位なので，C_2 は充電状態になります（図5）．

（7）C_1 の放電が終わると，V_{cc} からの電流は，R_1 を通って Tr_1 のベースに流れ，Tr_1 は ON となります．

（8）これで，Tr_1 が ON となった最初の状態に戻りました．以後（2）から（7）を自動的に繰り返すことになります．

点 A と点 B の波形は，図6のようになり，Tr_1 が ON のときは点 A の電位は 0，OFF のときは $+V_{cc}$ 電位となります．つまり，点 A または点 B を出力端子とすれば，連続する方形波を取り出せます．

この回路の周期は $T=0.7(C_1R_1+C_2R_2)$［秒］，周波数は $f=1/T$［Hz］で計算できます．

非安定マルチバイブレータの実験については，178 ページを参照してください．

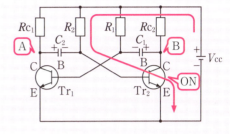

図4　Tr_2 は ON

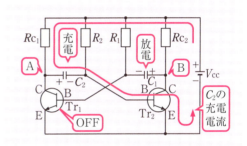

図5　C_2 は充電

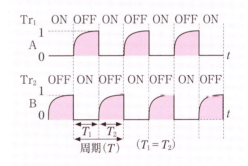

図6　点 A と点 B の波形

Let's review 7-1

マルチバイブレータ回路において，波形が完全な方形波とはならない理由について説明しなさい．

2 単安定マルチバイブレータ

1個の方形波を発生する
回路を理解しよう

1 単安定マルチバイブレータ

　単安定マルチバイブレータは，入力されたトリガパルスの数だけ，方形波を出力する回路です．非安定マルチバイブレータとは異なり，単独ではパルスを連続発生できません．入力されるトリガパルスをきっかけにして独自のパルスを1個発生します（図1）．

　図2に，単安定マルチバイブレータの回路を示します．

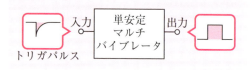

図1　単安定マルチバイブレータ

●単安定マルチバイブレータの動作

（1）Tr_1 はベースが R_B を通じてアースに接続されているので OFF，また Tr_2 はベースに R_2 を通じて V_{cc} からの電流が流れているので ON となり，この状態で安定しています（図3）．

（2）ダイオード D_1 から，負（0）のトリガパルスが加わると，Tr_2 のベースがアース電位になり，Tr_2

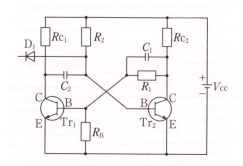

図2　単安定マルチバイブレータの回路

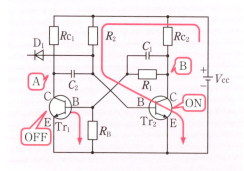

図3　Tr_1 は OFF，Tr_2 は ON

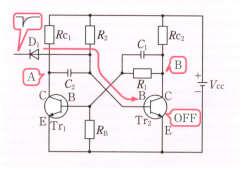

図4　Tr_2 は OFF

はOFFになります（図4）.

（3）Tr_2がOFFなので，点Bは正電位となり，その電位はR_1を通してTr_1のベースに加わります．その結果，Tr_1はONになります（図5）.

（4）Tr_1がONなので，点Aはアース電位となり，C_2はR_2を通じて充電されます（図6）.

（5）C_2の充電が進めば，やがてTr_2のベースに正電位が加わり，Tr_2はONになります（図7）.

（6）Tr_2がONなので，点Bはアース電位となり，Tr_1のベースにアース電位が加わり，Tr_1はOFFになります．

これで，最初の安定状態に戻りました．

図8に，点Bを出力端子とした単安定マルチバイブレータ回路の波形を示します．

出力パルス幅は，$T_1 = 0.7 \times C_2 \times R_2$［秒］で計算できます．$C_1$は**スピードアップ・コンデンサ**とよばれ，トランジスタのON-OFFを加速する働きをします．

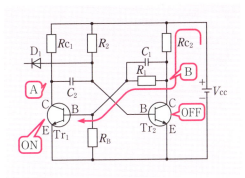

図5　Tr_1はON

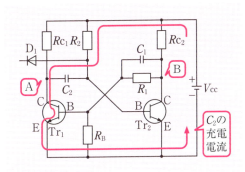

図6　C_2は充電

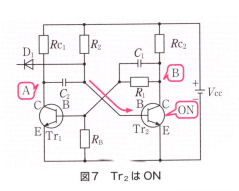

図7　Tr_2はON

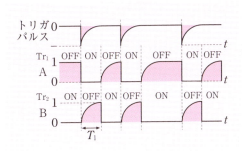

図8　点Aと点Bの波形

Let's review 7-2

次の単安定マルチバイブレータの，出力パルス幅を求めなさい．

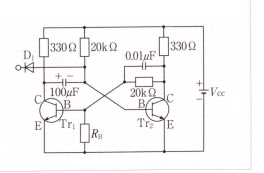

第7章 パルス回路

3 双安定マルチバイブレータ

双安定は，
2通りの安定状態を持つ

1 双安定マルチバイブレータ

　双安定マルチバイブレータは2通りの安定した状態をもち，入力されたトリガパルスにより，どちらかの安定状態に変化します．それぞれの安定状態では，0か1を出力します．つまり，双安定マルチバイブレータは，フリップフロップと同様の働きをするのです（**図1**）．

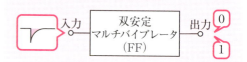

図1　双安定マルチバイブレータの動作

　図2に，双安定マルチバイブレータの回路図を示します．
　ここでは，トランジスタを使った双安定マルチバイブレータ回路の動作原理を理解しましょう．

● 双安定マルチバイブレータの動作
　（1）電圧 V_{cc} [V] は，R_1 を通り Tr_1 のベースに加わり，Tr_1 は ON になります（**図3**）．
　（2）Tr_1 が ON なので，点 A はアース電位となり，

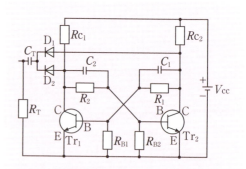

図2　双安定マルチバイブレータの回路

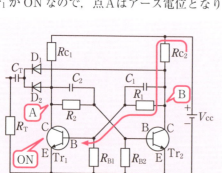

図3　Tr_1 は ON

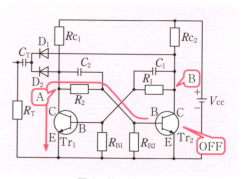

図4　Tr_2 は OFF

124　絵とき ディジタル回路入門早わかり（改訂2版）

R_2 を通じて Tr_2 のベースにアース電位が加わり，Tr_2 は OFF となります（図4）．これが**第1の安定状態**です．

（3）ダイオードを通して負（0）のトリガパルスを加えると，アース電位は D_1 と R_1 を通って Tr_1 のベースに加わり，Tr_1 は OFF になります（**図5**）．

（4）Tr_1 が OFF になると，点Aは正電位となり，R_2 を通じて Tr_2 のベースに正電位が加わり，Tr_2 は ON になります（**図6**）．これが**第2の安定状態**です．

（5）再び負（0）のトリガパルスを入力すると，アース電位は，D_2，R_2 を通って Tr_2 のベースに加わり，Tr_2 を OFF にします（**図7**）．

（6）Tr_2 が OFF なので，点Bが正電位となり，R_1 を通じて Tr_1 のベースに正電位が加わり，Tr_1 は ON になります．

これで初期の安定状態に戻りました．

C_1，C_2 はスピードアップ・コンデンサです．**図8**に，双安定マルチバイブレータの波形を示します．トリガパルスが1個入力されるたびに安定状態を変えます．出力端子である点Aと点Bには，論理否定の関係があります．

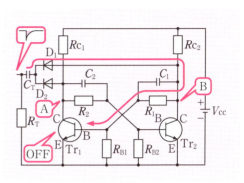

図5　Tr_1 は OFF

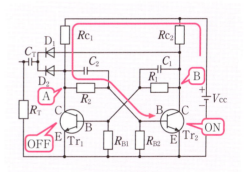

図6　Tr_2 は ON

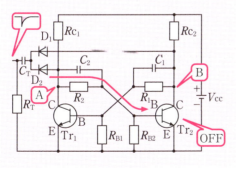

図7　Tr_2 は OFF

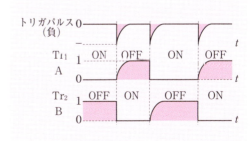

図8　点Aと点Bの波形

Let's review 7-3

双安定マルチバイブレータは，フリップフロップと同様の機能をもつと考えられる理由を答えなさい．

4 微分・積分回路

方形波を変形する回路を学ぼう

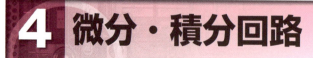

1 微分回路

微分回路は，パルスの立上りと立下りの変化を取り出す回路です．図1に，微分回路とその入出力波形を示します．

微分回路は，入力信号を時間について微分した出力を得る回路で，トリガパルスなどを作るために利用されます．

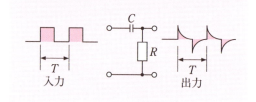

図1　微分回路

●微分回路の原理

図1において，コンデンサには電圧のかかった瞬間だけ電流（**過渡電流**）が流れます．したがって，入力パルスの立上り時には，瞬間的に抵抗 R の両端に電圧が現れます．しかし，その後はコンデンサ C の充電が行われ，R の両端の電圧は0に向かいます．

次に入力パルスの立下り時には，C の放電により R の両端には先ほどと逆の向きに電圧が現れます．C の放電が終わると，R の両端の電圧は0に戻ります．

パルスが加わってから t 秒後に，R の両端に現れる電圧 V_R は，次の式で求められます．

$$V_R = V\varepsilon^{-t/CR} \quad (1)$$

ここで，V はパルスの最大電圧，ε は自然対数の底であり，C と R の積 CR は**時定数**とよばれます．

例えば，（時定数×5）秒の時間が経過した場合の V_R を考えてみます．$t=5CR$ を式（1）に代入して，

$$V_R = V\varepsilon^{-5CR/CR} = V\varepsilon^{-5} = 0.00674\,V\,[\mathrm{V}]$$

つまり，この時間には，出力パルスの電圧が，ほぼ0[V]であると考えられます．

また，鋭い微分波形を得るためには，入力パルスの周期を T として，次式が成り立っていることが必要です．

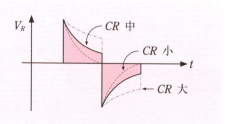

図2　微分回路の出力

$CR \ll T$　　　　（2）

図2に，時定数が出力波形に与える影響を示します．

例 図3に示す微分回路に，周期が$50\mu s$の方形波を入力した場合の出力波形を描きなさい．

出力パルスの電圧は，$5CR$秒後に0［V］になると考えて波形を描きます（図4）．

$5CR = 5 \times 0.001 \times 10^{-6} \times 10^3 = 5 \times 10^{-6} = 5\,[\mu s]$

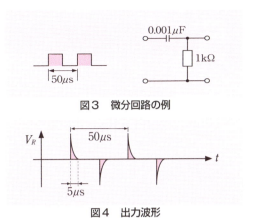

図3　微分回路の例

図4　出力波形

2　積分回路

積分回路は，入力信号を時間について積分した出力を得る回路です．三角波などを作るために利用されます．図5に，積分回路とその入出力波形を示します．

● **積分回路の原理**

入力パルスの立上り時には，コンデンサCに電流が流れ，Cの両端には電圧が現れません．しかし，その後はCの充電が行われ，Cの両端の電圧は徐々に上がります．

次に，入力パルスの立下り時には，Cは放電状態となり，Cの両端の電圧は，徐々に減少していき0になります．パルスが加わってからt秒後に，Cの両端に現れる電圧V_Cは，次式で求められます．

$V_C = V(1 - \varepsilon^{-t/CR})$　　（3）

直線的に変化する積分波形を得るためには，次式が成り立つことが必要です．

$CR \gg T$　　　　（4）

図6に，時定数が出力波形に与える影響を示します．

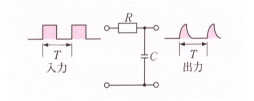

図5　積分回路

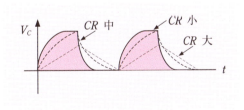

図6　積分回路の出力

Let's review　7-4

$C = 0.001\,[\mu F]$，$R = 1\,[k\Omega]$の積分回路に，周期が$50\mu s$の方形波を入力した場合の出力波形を描きなさい．

5 波形整形回路1

クリッパ回路を理解しよう

1 波形整形回路

　パルス波形を変形して，各種の波形を出力する回路を，**波形整形回路**といいます．波形整形回路には，波形の一部を切り取るクリッパ回路・リミッタ回路・スライサ回路や，波形のレベルを変えるクランプ回路などがあります．

2 ダイオードの基礎

　波形整形回路には，ダイオードを使いますから，まずはダイオードの特性から学びましょう．
　図1に，ダイオードの図記号を示します．
　順方向電流とは，ダイオードのアノード端子からカソード端子に向けて流れる電流のことです．この反対向きの電流は，**逆方向電流**といいます．
　図2に，ダイオードの電圧–電流特性を示します．
　ダイオードは，順方向電流が流れ始めるまでに，Ge（ゲルマニウム）ダイオードで約0.2V，Si（シリコン）ダイオードで約0.6Vの電圧を加える必要があります．この電圧は，順方向電圧 V_D とよばれ，ダイオードによる電圧降下分と考えることができます（図3）．
　一方，逆方向に電圧を加えていった場合，ある値以上の逆電圧に達すると，電流の広い範囲で電圧が一定（ツェナー電圧）な特性が現れます．
　波形整形回路では，通常，ダイオードが順方向にしか電流を流さず，順方向電圧 V_D の大きさをもつことを利用します．

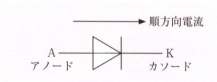

図1　ダイオードの図記号

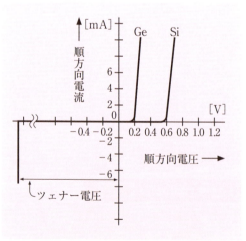

図2　ダイオードの電圧–電流特性

図3のダイオードをLED（発光ダイオード）だとします．LEDの順方向電圧V_Dは約2Vなので，例えば$V=5\mathrm{V}$，$I=10\mathrm{mA}$でLEDを光らせる場合の抵抗Rは次式のように計算できます．

$$R=\frac{V_R}{I}=\frac{V-V_D}{I}=\frac{5-2}{10\times10^{-3}}$$
$$=300\,[\Omega]$$

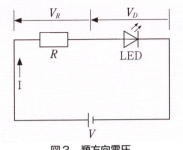

図3　順方向電圧

3 クリッパ回路

クリッパ回路は，ある基準を元にして，入力波形の上部や下部を切り取る回路です．**クリッパ**（clipper）には，「羊毛などを刈り取る人」という意味があります．図4に，ある基準電圧以上の入力波形を切り取るピーククリッパ回路を示します．

この回路では，入力波形の電圧V_{in}が基準電圧$(E+V_D)$以下のときは，ダイオードには電流が流れず，V_{in}が出力端子に現れます（図5）．

しかし，入力波形の電圧V_{in}が基準電圧以上のときは，ダイオードには順方向電流が流れます．その結果，出力端子には，電圧Eとダイオードにかかる順方向電圧V_Dの和$(E+V_D)$が現れます（図6）．

つまり，基準電圧Eの大きさを変えることで，任意の値以上の電圧を切り取った波形を作ることができます．

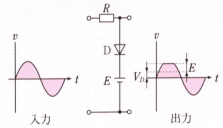

図4　ピーククリッパ回路

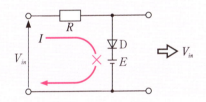

図5　$V_{in} < E + V_D$

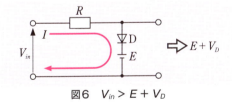

図6　$V_{in} > E + V_D$

Let's review 7-5

ベースクリッパ回路は，基準電圧以下の入力波形を切り取る波形整形回路である．回路の出力波形を描きなさい．ただし，ダイオードの順方向電圧をV_Dとする．

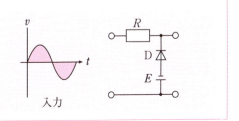

6 波形整形回路2

パルス波形を変形する方法を学ぼう

1 リミッタ回路

リミッタ回路は、ピーククリッパ回路とベースクリッパ回路を組み合わせたものです。この回路は、基準電圧によって入力波形の上部と下部を切り取ります。図1に、リミッタ回路を示します。

リミッタ(limiter)とは、制限する機能を表す英語です。入力電圧 V_{in} が、電池の電圧 E とダイオードの順方向電圧 V_D の和 ($E+V_D$) より大きいか小さいかで電流の流れ方が変わります(図2)。

リミッタ回路では、電池の電圧 E を調整することで、取り出すパルス波形の電圧を変えることができます。

図1 リミッタ回路

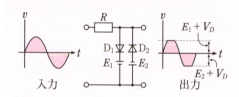

図2 リミッタ回路の電流

2 スライサ回路

スライサ回路は、入力波形の電圧を狭い範囲に制限する回路です。図3に、スライサ回路を示します。

英語のスライサ(slicer)は、「パンを薄切りにする機械」を意味します。

この回路は、リミッタ回路と異なり、電池を使いません。したがって、切り取る電圧は、ダイオードの順方向電圧の大きさと等しくなります(図4)。

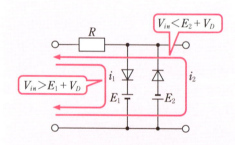

図3 スライサ回路

ダイオードの順方向電圧は，ゲルマニウム・ダイオードで約 0.2 V，シリコン・ダイオードで約 0.6 V 程度です（128 ページ図 2 参照）．スライサ回路では，ダイオードが順方向電圧以下では導通状態にならないことを利用しています．図 5 に示すように，直列に接続するダイオードを増やせば，出力電圧も大きくなります．

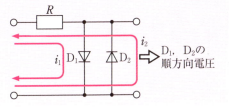

図 4　スライサ回路の電流

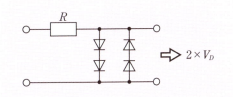

図 5　ダイオードを直列にする

3　クランプ回路

クランプ回路は，入力波形の周期や振幅は変えないで，波形の上部あるいは下部を移動して，ある基準レベルにする回路です．クランプ回路には，正クランプ回路と，負クランプ回路があります．

図 6 に示す正クランプ回路は，出力電圧の最小値を，0 V の基準レベルに変えます．

ダイオードにかかる電圧が順方向のときコンデンサは充電状態となり，反対にダイオードに逆方向電圧がかかっている場合にはコンデンサの放電電圧が出力されます．

一方，図 7 に示す負クランプ回路では，出力電圧の最大値を，0 V の基準レベルに変えて出力します．

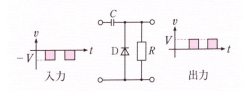

図 6　正クランプ回路

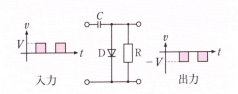

図 7　負クランプ回路

Let's review 7-6

次に示す回路を比較して説明しなさい．

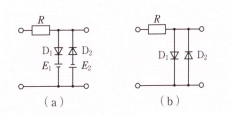

131

7 シュミットトリガ

上りと下りのスレッショルドが異なる回路

1 シュミットトリガ

図1に，通常のNOT回路（例えば，74HC04）の入力電圧が変化したときの出力電圧を示します．

入力電圧を徐々に上げていくと，約2.5Vのときに出力電圧が反転しています．そのまま入力電圧を5Vまで上げた後，次に電圧を下げていくと，やはり約2.5Vで出力電圧が反転しています．ここで，スレッショルド電圧の値は，入力電圧を上げていったときと，下げていったときで同じであることに注目してください．

図2に，シュミットトリガ型とよばれるNOT回路（例えば，74HC19）を使って同じ実験を行った結果を示します．

図2では，入力電圧を徐々に上げていくと，約3Vのとき出力電圧が反転しています．ここまでは，先ほどと同じです．

続いて，入力電圧を5Vまで上げた後，徐々に下げていきます．すると，入力電圧が約1Vまで下がったときに出力電圧が反転します．先ほどと違い，入力電圧が3V付近では，出力電圧が反転しなかったことに注目してください．

つまり，図2の実験回路では，入力電圧を上げていったときと，下げていったときで**スレッショルド電圧が異なる**のです．このような特性をもつ回路を，シュミットトリガ回路とよびます．

図3に，一般のNOT回路とシュミットトリガ型NOT回路の入力-出力特性を示します．

シュミットトリガの持っている特性をヒステリシス

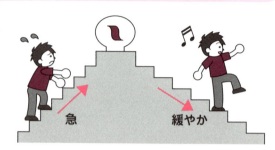

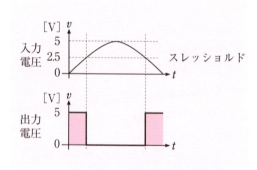

図1　NOT回路

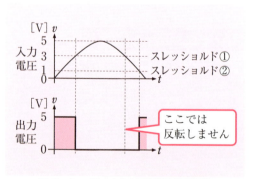

図2　シュミットトリガ型NOT回路

といいます．そして，この入力−出力特性のグラフは，ループ状になっていることから，**ヒステリシスループ**とよばれます．

シュミットトリガ型ゲートは，図記号の中にヒステリシスループを書きます．

図4に，シュミットトリガ型 NOT IC (74HC19) のピン配置を示します．

シュミットトリガとは直接関係ありませんが，電気磁気学や電気基礎では，鉄心を磁化するときの磁界の大きさと磁束密度の関係を表したグラフ（BH曲線）について学びます．そのグラフには，鉄心のもつ保持力によって生じるヒステリシスループが現れます．

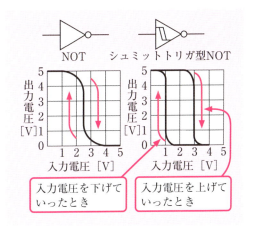

図3 入力−出力電圧特性

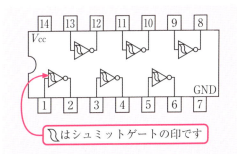

図4 74HC19

2 シュミットトリガの応用

シュミットトリガは，**雑音除去**によく利用されます．例えば，図5(a), (c) に示すように，信号に雑音が入ってしまった例を考えましょう．

雑音が混じってしまった信号を一般のバッファゲートに入力すると，出力波形は，図5(b)のようになります．しかし，同じ信号をシュミットトリガ型のバッファゲートに入力すれば，図5(d)のように，回路のヒステリシス特性が雑音の影響を吸収して，出力信号には入力と同じ2個の信号が現れます．

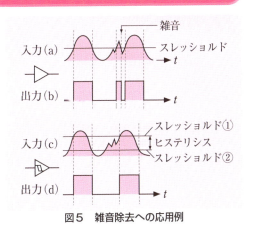

図5 雑音除去への応用例

Let's review 7-7

雑音除去が可能なのは，雑音がヒステリシス電圧の差の中にあるときに限る．雑音が除去できない例を示しなさい．

第7章 パルス回路

章末問題7

1. 図(a)に示す回路について，①〜③に答えなさい．
   ① 回路の名称　　② どのような動作をするか
   ③ 出力信号の周波数

2. 図(b)に示すNOTゲートを用いた回路について，どのような動作をするか調べなさい．

3. 3種類(非安定，単安定，双安定)のマルチバイブレータについて，それぞれの回路の安定状態数を答えなさい．

4. 双安定マルチバイブレータと同様の働きをするディジタル回路を何というか．

5. 図(c)に示す回路について①〜③に答えなさい．
   ① 回路の名称　　② 時定数
   ③ 鋭い出力波形を得るための条件

6. ①，②の回路に，図のような入力信号を与えた場合の出力波形を描きなさい．

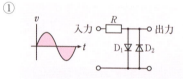

7. 図(d)に示す入力波形をシュミットトリガ型ゲートに与えた場合の出力波形を描きなさい．ただし，Th_1は入力電圧上昇時，Th_2は入力電圧下降時のスレッショルド電圧であるとする．

(a)

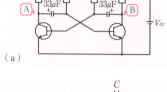

(b)

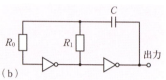

(c)

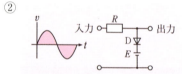

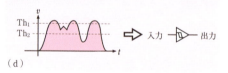

(d)

7章のまとめ

* 非安定マルチバイブレータ回路は，方形波を連続的に発生する．
* 単安定マルチバイブレータ回路は，入力パルス数と同じ数の方形波を発生する．
* 双安定マルチバイブレータ回路は，フリップフロップともよばれる．
* クリッパ回路は，基準電圧により入力波形の上部か下部を切り取る．
* リミッタ回路は，基準電圧により入力波形の上部と下部を切り取る．
* クランプ回路は，入力波形の形を保ちつつ上や下に移動する．
* シュミットトリガ回路は，2つのスレッショルド電圧をもつ．

第8章
各種のディジタル回路

　私たちの日常生活では10進数が主流ですが，ディジタル回路では2進数が使われています．一般の人たちから見れば，2進数のデータは，まるで暗号のように思えてしまうかもしれません．

　この章の前半では，10進数を2進数に変換する符号器（エンコーダ），その逆に2進数を10進数に変換する復号器（デコーダ）について学びます．また，たくさんのデータの中から目的のデータを選択するマルチプレクサ回路，あるデータを目的の信号線へ送り出すデマルチプレクサ回路など，各種のディジタル回路の動作について学習しましょう．

　章の後半では，実際にディジタル回路を構成する際に起こりがちなトラブルとその対処法について学びます．重大なトラブルに見えても，その原因や解決法は以外に簡単な場合が多々あります．ここで学んだ知識が，大いに役立つ時があるかもしれません．この章で取り上げたトラブルの原因をしっかりとらえて対処法を理解するように心がけましょう．

1. エンコーダ
2. デコーダ
3. マルチプレクサ
4. コンパレータ
5. IC メモリ
6. 回路の誤動作防止法1
7. 回路の誤動作防止法2

第8章 各種のディジタル回路

1 エンコーダ

10進数を2進数に変換する回路を学ぼう

1 エンコーダ

　エンコーダ（encoder）は，日本語では**符号器**と訳されています．符号器とは暗号を作り出す装置のことです．一方，**デコーダ**（decoder）は**復号器**と訳されています．復号器は暗号を解読してもとの情報に戻す装置のことです．

　ここでいう暗号とは，秘密の情報ではなく，ディジタル回路が扱っている2進数，16進数などのことを指します．

　日常，10進数を使っている私たちには，2進数などが一見，暗号のように見えるからです．例えば，10進数を2進数に変換する回路をエンコーダ，逆に2進数を10進数に変換する回路をデコーダとよびます（**図1**）．

　はじめに，10進数を2進数に変換するエンコーダを考えてみましょう．

　10進数とはいっても，ディジタル回路では2進数しか扱うことができません．つまり私たちが日常的に使っているような10進数の表現では処理を行えません．したがって，次のようなルールを定めることで10進数を2進数化して扱うことにします．

　10進数を入力する端子の数は10ビットとします．この10ビットの各入力端子に，10進数の0から9を対応させます．例えば5なら，A_5に信号1を入力し，その他の入力端子には信号0を入力します（**図2**）．

　10進数の0から9は，2進数の0000から1001に対応します．したがって，この場合は，2進数の出力端子は4ビット必要です．この例のように，入力端子に5を入力したときは，出力端子からは10進数5に

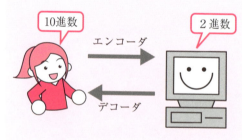

図1　エンコーダとデコーダ

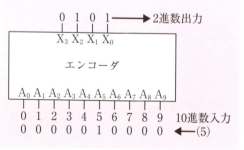

図2　10進数→2進数エンコーダ

対応する2進数0101が出力されるようにします．

2 エンコーダの設計方法

表1に，10進数→2進数エンコーダの真理値表を示します．
エンコーダの論理回路は，真理値表から論理式を導けば設計できます．
しかし，ここではもっと簡単に回路を設計する手順を説明します．

●エンコーダの設計手順

（1）真理値表の出力 X_0 が1のときに対応する入力は A_1, A_3, A_5, A_7, A_9 です．これらの入力にOR回路の入力ピンを接続します（図3）．

（2）他の出力端子 X_1, X_2, X_3 についても同様の考えで結線します．

10進数→2進数エンコーダの論理回路は，図4に示すようになります．

表1 エンコーダの真理値表

A_0	A_1	A_2	A_3	A_4	A_5	A_6	A_7	A_8	A_9	X_3	X_2	X_1	X_0
1	0	0	0	0	0	0	0	0	0	0	0	0	0
0	1	0	0	0	0	0	0	0	0	0	0	0	1
0	0	1	0	0	0	0	0	0	0	0	0	1	0
0	0	0	1	0	0	0	0	0	0	0	0	1	1
0	0	0	0	1	0	0	0	0	0	0	1	0	0
0	0	0	0	0	1	0	0	0	0	0	1	0	1
0	0	0	0	0	0	1	0	0	0	0	1	1	0
0	0	0	0	0	0	0	1	0	0	0	1	1	1
0	0	0	0	0	0	0	0	1	0	1	0	0	0
0	0	0	0	0	0	0	0	0	1	1	0	0	1

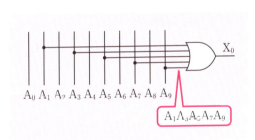

図3 出力 X_0 部分の設計

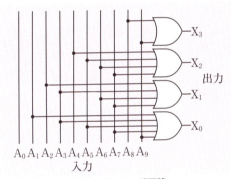

図4 エンコーダ回路

Let's review 8-1

74HC148は，10進数0から7を，2進数000から111に符号化するICである．

このICに，同時に，二つの信号1が入力されたとき，出力はどうなるか調べなさい．

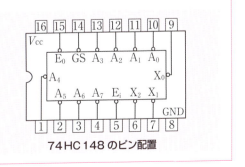

74HC148のピン配置

137

2 デコーダ

2進数を10進数に変換する回路を学ぼう

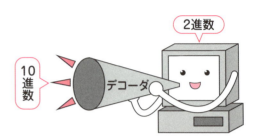

1 デコーダ

デコーダを学習します．ここでは，前節のエンコーダと反対の，2進数→10進数のデコーダを設計します．

入力された2進数に対応する10進数の出力端子からのみ信号1が出力されるようにします．

例えば，2進数0101を入力すると，出力端子 X_5 だけが信号1となるようにします（図1）．

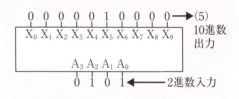

図1　2進数→10進数デコーダ

2 デコーダの設計方法

表1に，2進数→10進数デコーダの真理値表を示します．

真理値表からデコーダを設計してみましょう．

● デコーダの設計手順

（1）入力と，その論理否定の信号線を作り，出力ビット数分のAND回路を並べて書きます（図2）．

（2）例えば，デコーダ入力が0000のときは，出力端子 X_0 のみが信号1となります．つまり，X_0 は入力端子 A_3，A_2，A_1，A_0 すべての論理否定（NOT）を論理積（AND）したものとし

表1　デコーダの真理値表

A_3	A_2	A_1	A_0	X_0	X_1	X_2	X_3	X_4	X_5	X_6	X_7	X_8	X_9
0	0	0	0	1	0	0	0	0	0	0	0	0	0
0	0	0	1	0	1	0	0	0	0	0	0	0	0
0	0	1	0	0	0	1	0	0	0	0	0	0	0
0	0	1	1	0	0	0	1	0	0	0	0	0	0
0	1	0	0	0	0	0	0	1	0	0	0	0	0
0	1	0	1	0	0	0	0	0	1	0	0	0	0
0	1	1	0	0	0	0	0	0	0	1	0	0	0
0	1	1	1	0	0	0	0	0	0	0	1	0	0
1	0	0	0	0	0	0	0	0	0	0	0	1	0
1	0	0	1	0	0	0	0	0	0	0	0	0	1

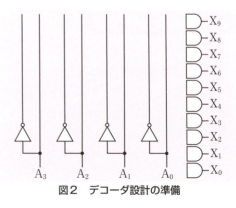

図2　デコーダ設計の準備

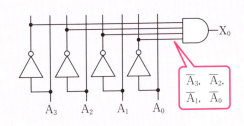

図3　出力 X_0 の設計

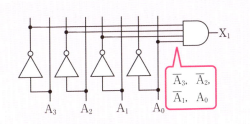

図4　出力 X_1 の設計

ます（図3）．

（3）デコーダ入力が 0001 のときは，出力端子 X_1 のみが信号1となります．したがって，X_1 は $\overline{A_3}$，$\overline{A_2}$，$\overline{A_1}$ と A_0 を論理積したものとします（図4）．

（4）他の出力端子についても同様の考えで結線します．

図5に，最終的な2進数→10進数デコーダの論理回路を示します．

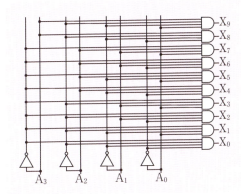

図5　2進数→10進数デコーダ

3　BCD

BCD（binary coded decimal）は**2進化10進数**と訳されています．**表2**に，10進数とBCDの対応を示します．

BCDは，同じ桁数ならば2進数よりも表現できる数値範囲が狭くなります．しかし，BCDを使って10進数の小数部を表現すれば，丸め誤差とよばれる誤差を生じなくなります．

表2　10進数とBCDの対応

10進数	BCD	10進数	BCD
0	0000 0000	8	0000 1000
1	0000 0001	9	0000 1001
2	0000 0010	10	0001 0000
3	0000 0011	11	0001 0001
4	0000 0100	12	0001 0010
5	0000 0101	13	0001 0011
6	0000 0110	14	0001 0100
7	0000 0111	⋮	⋮

Let's review 8-2

74HC42は，入力された2進数 0000 から 1001 に対応する，10進数0から9を出力するデコーダICであり，出力は負論理で現れる．

このICを2個使って，10進数の10に対応する入力を行う方法について考えなさい．

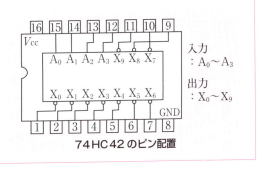

74HC42のピン配置

3 マルチプレクサ

データを選択・分配する回路を学ぼう

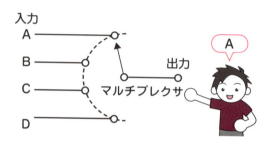

1 マルチプレクサ

マルチプレクサは，データ選択回路（セレクタ回路）ともよばれ，複数のデータから1種類のデータを選択する回路のことです．

4ビットの入力から任意の1ビットを選択するマルチプレクサの回路を考えてみましょう（図1）．

選択信号 S_1，S_0 によって，任意の入力データを選択します．

このマルチプレクサの回路は，図2に示すようになります．データ選択回路には，前に習った**デコーダ回路**を利用しています．

実際のマルチプレクサIC，74HC153を見てみましょう（図3）．

このICは，4ビットの入力データから1ビットのデータを選択する機能が2個含まれているので，dual 4 to 1 data selectors とよばれます．

このICの場合，STROBE（ストローブ）端子に信号1を入力すると，他の入力端子データとは無関係に，出力が0にセットされます．つまり，マルチプレクサ

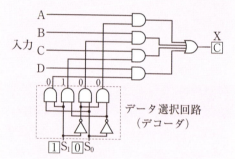

図2 マルチプレクサの回路

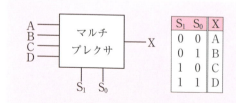

図1 マルチプレクサ

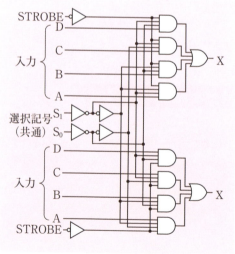

図3 74HC153の回路

としての機能はなくなります．したがって，マルチプレクサとして使用したい場合は，STROBE端子には信号0を入力しておく必要があります．

STROBEは，ENABLEとよばれることもあります．英語「enable」には「～をできるようにする」という意味があります．

2 デマルチプレクサ

デマルチプレクサは，1種類のデータを，複数のデータ線のうちのどこかに出力する働きをします．

つまり，マルチプレクサとは逆の動きをする回路であると考えられます．1ビットデータを，4ビットあるうちの任意の出力端子から得るデマルチプレクサの回路を考えてみましょう（**図4**）．

このデマルチプレクサの回路は，**図5**に示すようになります．

ENABLE端子には信号1をセットしておきます．そして，選択信号によって，信号1が出てくる出力端子を選択します．選択信号と選ばれる出力端子の関係は，**表1**のようになります．

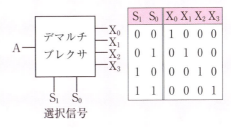

図4 デマルチプレクサ

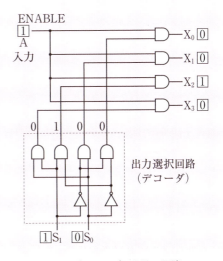

図5 デマルチプレクサの回路

表1 デマルチプレクサの真理値表

入力			出力			
選択信号		ENABLE				
S_1	S_0	A	X_0	X_1	X_2	X_3
✓	✓	0	0	0	0	0
0	0	1	1	0	0	0
0	1	1	0	1	0	0
1	0	1	0	0	1	0
1	1	1	0	0	0	1

✓：0，1のどちらでもよい

Let's review 8-3

次に示す回路は，どのような働きをするか答えなさい．

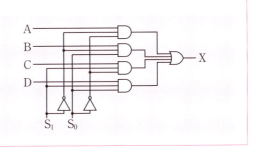

4 コンパレータ

ディジタルデータを
比較する回路を学ぼう

1 コンパレータ

コンパレータは比較器ともよばれ，2種類のデータの大小関係を調べる回路です．

(1) 一致回路

2種類のデータが等しいかどうかを比較します．この回路には，排他的否定論理和（EX-NOR）が利用できます．

図1に一致回路，表1に真理値表を示します．

図2に，1組の2ビットデータが等しいかどうかを比較する一致回路を示します．動作を確認してみてください．

(2) 大小比較回路

2種類のデータの大小関係を比較する回路です．例えば，1ビットデータの大小比較回路と真理値表は，それぞれ図3，表2のようになります．

図4に，4ビットの大小比較用IC，74HC85のピン配置を示します．

74HC85を複数個使用すれば，さらに多くのビット数のデータを比較することができます．例えば，図5に，74HC85を2個使用して，8ビットのデータを比較する回路を構成した例を示します．

表1 真理値表

A	B	F
0	0	1
0	1	0
1	0	0
1	1	1

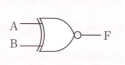

図1 一致回路

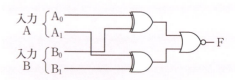

図2 2ビットデータの一致回路

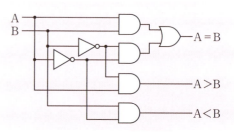

図3 1ビット大小比較回路

表2 真理値表

A B	A=B	A<B	A>B
0 0	1	0	0
0 1	0	1	0
1 0	0	0	1
1 1	1	0	0

4．コンパレータ

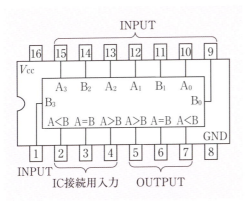

図4　74HC85のピン配置

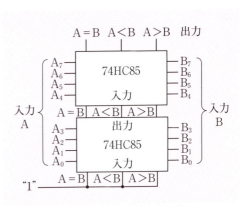

図5　8ビット大小比較回路

2　パリティチェック

パリティチェックは，データの伝達に誤りがないかどうかを調べる方法です．

例えば，4ビットのデータがあり，それをどこかへ伝達するとします．

このとき，データの和を計算して，結果が偶数か奇数かによって，0か1かをパリティデータとして，元のデータと一緒に伝達します（**図6**）．

データを受け取った側では，データの和を計算し，その結果と送られてきたパリティデータを比較します．パリティチェックを行うためには，信号線が1本余分に必要となります．また，誤りビットの数が偶数個の場合には，誤りを検出することができません．

図7に，4ビットのパリティデータを作る回路を示します．

図6　パリティチェック

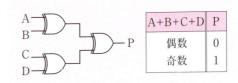

図7　パリティデータの生成

Let's review 8-4

次の回路はどのような働きをするか答えなさい．

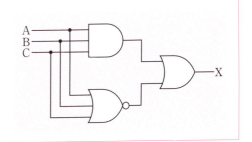

143

5 IC メモリ

RAM と ROM の原理を学ぼう

1 IC メモリの分類

　IC メモリは，小型で動作が高速なためコンピュータ内部に組み込む主記憶装置として広く利用されています．**図1**に，IC メモリの分類を示します．

　IC メモリの記憶容量の単位には，**表1**に示すように，**バイト（1 バイト＝8 ビット）「B」**が用いられます（24 ページ参照）．

表1　記憶容量の単位

1 kB （キロバイト）	＝ 1 000 B
1 MB （メガバイト）	＝ 1 000 kB
1 GB （ギガバイト）	＝ 1 000 MB

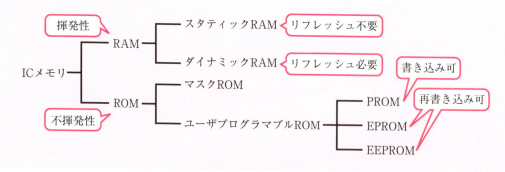

図1　メモリの分類

2 RAM

　RAM（ラム：random access memory）は，データの読み取り・書き込みの両方が可能なメモリであり，電源を切ると記憶内容が消えてしまうことから，**揮発性メモリ**とよばれます．

　RAM には，電源が入っていれば記憶内容を保持し続ける**スタティック RAM** と，電源が入っていても，ある時間が過ぎると記憶内容が消えてしまう**ダイナミック RAM** があります．

● スタティック RAM の原理

　図2に，スタティック RAM の回路例を示します．$Q_1 \sim Q_4$ は，FET を略式表記した図記号です．

　（1）データの書き込み時は，選択線 S に「1」を加えて，FET Q_3 と Q_4 をオン状態にします．そ

して，信号線Dに「1」，$\overline{D}$に「0」を加えます．すると，FETQ_1はオフ状態になり，Q_2はオン状態となります．FETのオン状態を「1」，オフ状態を「0」に対応させると，この場合は，Q_2に「1」が記憶されていることになります．

（2）データの読み取り時は，選択線Sに「1」を加えて，この回路を選択します．すると，Q_2がオン状態であるため信号線Dには電流が流れますが，Q_1はオフ状態であるため信号線$\overline{D}$には電流が流れません．このように，信号線の電流を検出することで，記憶状態を知ることができます．

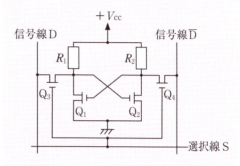

ダイナミックRAMでは，記憶内容が消えてしまう前に，記憶内容を読み取って再度書き込む処理を定期的に行う必要があり，この処理を**リフレッシュ**といいます．

図2　スタティックRAMの回路例

3 ROM

ROM（ロム：read only memory）は，基本的にはデータの読み取り専用のメモリであり，電源を切っても記憶内容が保持されることから，**不揮発性メモリ**とよばれます．近年では，データの再書き込みができるROMも一般的になっています．ROMには，記憶内容を変更できない**マスクROM**と，利用者が記憶内容を書き込んで利用できる**ユーザプログラマブルROM**があります．

図3に，マスクROMの原理を示します．ダイオードが接続されている出力線には，信号0が出力されます．

このような原理のマスクROMでは，あらかじめ任意の箇所にダイオードを配列しておきます．つまり，データの記憶内容は，ICメモリの製造過程で決まります．

一方，ユーザプログラマブルROMは，ユーザが自由にデータを書き込むことができるICメモリです．書き込んだデータは，電気的な方法で消去します．パソコンなどでよく使用されるUSBメモリは，EEPROMに分類されます．

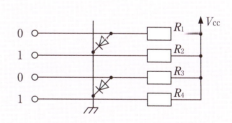

図3　マスクROMの原理

Let's review 8-5

メモリの揮発性と不揮発性について説明しなさい．

6 回路の誤動作防止法 1

ノイズ(雑音)対策について学ぼう

1 チャタリング

図1に示すスイッチ回路は,押しボタンスイッチを1回押すと,正のパルスを1個出力することを期待して設計したものです.

機械式接点を使用したスイッチでは,接触面の凹凸が原因で,スイッチを押した瞬間に接触面が何度も接触・非接触を繰り返した後に,安定します.この現象を**チャタリング**とよびます.

図1の回路において,スイッチを押した瞬間の点Aの波形を,図2に示します.

スイッチを1回押しただけにもかかわらず,チャタリングによって,正のパルスが複数発生してしまいます.これにより,回路が誤動作することがあります.

チャタリングによるノイズの影響を防止する代表的な方法には,次の2種類があります.

(1) RS-FFを利用する

RS-FFでは,セット端子Sに一度「1」が入力されれば,以降は他の信号が入力されても,出力Qは「1」の状態を保持します(図3).

したがって,チャタリングの影響を受けることがありません.その後,リセット端子Rに「1」を入力すると,出力Qの値は「0」になります.

(2) シュミットトリガを利用する

2種類の異なるスレッショルド電圧を持つシュミットトリガゲートを利用すると,チャタリングによるノイズが防止できます.ノイズがスレッショルド電圧の差の範囲に収まっている場合には,ノイズを除去でき

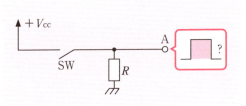

図1 スイッチ回路

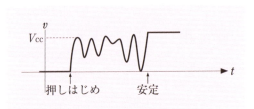

図2 スイッチを押した瞬間の波形

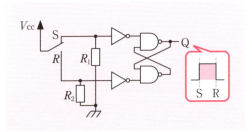

図3 RS-FFによるチャタリング防止

ることは，133ページで学びました．図4に，シュミットトリガゲートとCR回路を組み合わせた実用的な**チャタリング防止回路**を示します．

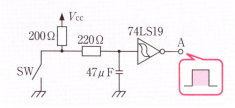

図4　チャタリング防止回路

2　モータのノイズ

ディジタル回路によって**モータの制御**を行う場合に，モータがおかしな動作を繰り返して，制御不能になってしまう場合があります．これは，特に，マイコンを用いてモータの制御を行う場合に頻発するトラブルです．この誤動作の原因は，モータのブラシから発生するノイズが，制御用ディジタル回路に回り込んでしまっているのが大半です．

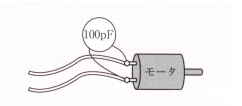

図5　モータからのノイズ除去

図5に示すように，モータの端子間に100 pF程度のコンデンサを接続することで，ノイズを逃がすことができます．

ディジタル回路にとって，ノイズは大敵です．どうしても原因のわからなかった誤動作が，たった1個の小さなコンデンサを使うことで解決することがあるのです．

3　電圧降下

ディジタル回路において信号「1」のつもりでデータの流れを考えていても，実際の回路には**電圧降下**が存在します．データは，導線などの部品を伝わっていく間に，その電圧が徐々に低下していくのです．電圧降下が，ゲート回路のスレッショルド電圧より低くなってしまうと，誤動作が起こります．

実際に回路をよく吟味して，電圧降下が起こりそうな場所には，バッファゲートやプルアップ抵抗を配置するなどの対策をとりましょう．

Let's review 8-6

チャタリングについて説明しなさい．

7 回路の誤動作防止法2

電流に関するトラブルについて学ぼう

1 ファンアウト

ゲートの出力信号を確認したい場合などには，出力ピンにLEDを接続しておくと便利です．図1，図2に，TTLの出力ピンにLEDを接続した回路を示します．

図1ではNOTゲートの入力が「1」でLEDが点灯し，図2では入力が「0」で点灯する回路です．

74HCシリーズの一般的な**吸い込み電流**，**吐き出し電流**はどちらも最大20mA程度です．

LEDに流れる電流が8mA程度だとすると，図1，図2とも問題ありません．しかし，ICによっては，吸い込み電流や吐き出し電流が小さい場合もあるので，必ず規格表で確認しましょう．例えば，74LSシリーズの一般的な吸い込み電流は最大8mA，吐き出し電流は最大0.4mA程度です．この場合，図2の回路では，TTLの吐き出し電流を超える電流が流れてしまいます．

ゲートICを使用する場合には，**ファンアウト**について十分注意しましょう（62ページ参照）．

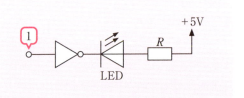

図1 「1」で点灯する回路

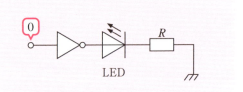

図2 「0」で点灯する回路

2 スイッチング電流

ディジタルICでは，処理する信号が「0」から「1」へ，または「1」から「0」に変化する瞬間に，**スイッチング電流**とよばれる大きな電流が流れます．当然，この電流は，電源装置から供給されます．電流の流れるスピードは非常に高速であるとはいえ，有限の値であり，同様に高速で動作しているディジタル回路においては，電流の供給が回路の要求に追いつかないことがあります．このような時には，回路が誤動作してしまいます．

このトラブルを解決するために，IC 近くの電源ラインに小容量（0.1μF 程度）のコンデンサを配置します（**図3**）。

このようなコンデンサを，**バイパスコンデンサ**（略して，パスコン）とよびます。コンデンサは，電気を貯める働きがあるので，電源装置から送られてくる電流が間に合わない場合であっても，IC は近くのパスコンから電源を得ることができます。

基本的には，IC 1個につきパスコン 1個，電流の少ない IC については，IC 数個につき 1個のパスコンを接続するとよいでしょう。同時にたくさんの電流を供給する必要が生じる時のために，電源端子の近くに大容量（100～1000μF）のパスコン 1個を配置しておくとトラブル防止に効果的です（**図4**）。

また，パスコンは，電源ラインに混入した高周波ノイズをアースに逃がす働きもしてくれます。コンデンサの特性としては，電流の供給のような低周波動作にはアルミ電解コンデンサ，ノイズの除去のような高周波動作にはセラミックコンデンサが適しています。このため，2種類のコンデンサを並列に接続して，ディジタル IC の近くに挿入することがあります。

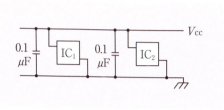

図3　パスコン

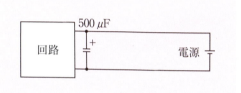

図4　回路全体用のパスコン

3　伝搬遅延時間

ディジタル回路に信号が入力されてから，出力されるまでに要する時間を伝搬遅延時間ということは前に学びました（57ページ参照）。74HC シリーズの CMOS では，およそ 15 ns の伝搬遅延時間がかかります。いくつものゲートを通過して処理が行われる場合には，伝搬遅延時間が累積していきます。

ディジタル回路をコンピュータに接続して使用する場合などに，高速なコンピュータ処理と，ゲートを使った回路との信号のやり取りのタイミングが合わないために，誤動作が起こる場合があります。

このような場合には，コンピュータのプログラムに**時間稼ぎのルーチン**（アセンブラ言語なら，NOP 命令など）を挿入して待ち時間をつくることで解決します。

Let's review 8-7

スイッチング電流について説明しなさい．

章末問題8

1. 右に示す真理値表で表されるエンコーダの回路図を描きなさい．

入力				出力	
D	C	B	A	F_2	F_1
0	0	0	1	0	0
0	0	1	0	0	1
0	1	0	0	1	0
1	0	0	0	1	1

2. 次に示す BCD に関する記述について，①～⑧に適切な用語を解答群から選びなさい．

　　BCD は，（ ① ）ともいわれ，10進数の1桁を（ ② ）桁の 0，1 に対応させて表示する．例えば，10進数の 72 を BCD で表すと（ ③ ）となる．BCD は，10進数の 1 桁を（ ④ ）～（ ⑤ ）の②桁で表すために，未使用の割り当てパターンがある．このため，同じ桁でも，2進数よりも扱える数値の範囲が（ ⑥ ）なってしまう．しかし，例えば小数部をもつ 10 進数 6.1 を BCD で表せば，（ ⑦ ． ⑧ ）となるため扱いやすい．また，BCD が上位②桁に桁上がりをするタイミングが 10 進数と同じであることも長所である．

　　解答群　A：0110，B：0001，C：0000，D：1001，E：01110010，F：01110100，G：狭く，
　　　　　　H：広く，I：4，J：8，K：2進化10進数，L：バーコード

3. 右に示す真理値表で表されるマルチプレクサの回路図を描きなさい．

S_1	S_0	X
0	0	A
0	1	C
1	0	B
1	1	D

4. 右に示す真理値表で表される不一致回路の回路図を描きなさい．

X	Y	F
0	0	0
0	1	1
1	0	1
1	1	0

5. ダイナミック RAM において，リフレッシュ処理が必要な理由を調べなさい．
6. 機械式スイッチにより生じるチャタリングの除去方法をいくつか答えなさい．
7. ゲート回路において用いるパスコンの役割を答えなさい．

8章のまとめ

* マルチプレクサは，選択信号を用いて，複数のデータから任意のデータを取り出す回路である．デマルチプレクサは，選択信号を用いて，あるデータを任意の信号線に送り出す回路である．
* 一致回路は，2種類のデータが等しいかどうかを判定する．
* 大小比較回路は，2種類のデータの大小関係を判定する．
* パリティチェックは，データの和が偶数か奇数かをもとに，データのエラーを発見する方法である．

第9章

D-A・A-D コンバータ

　これまで，ディジタル回路の基本事項について学習してきました．一方で，私たちの周りには，音，光，温度や湿度など多くのアナログ信号があります．これらのアナログ信号を，ディジタル回路を用いて処理するためには，アナログ信号をディジタル信号に変換する必要があります．

　例えば，エアコンは，一定温度を保つために，室温を温度センサからアナログ信号として取り込んで，ディジタル信号に変換してから制御処理を行っています．このようにアナログ信号をディジタル信号に変換する回路を，アナログーディジタルコンバータ（A-D 変換器）といいます．逆に，ディジタル信号をアナログ信号に変換する回路はディジタルーアナログコンバータ（D-A 変換器）です．この章では，ディジタル信号とアナログ信号の特徴や，各コンバータ回路について学習しましょう．

　アナログーディジタルコンバータは，内部でディジタルーアナログコンバータを使用しているものがあります．したがって，アナログーディジタルコンバータから学習を始めましょう．

1. ディジタルとアナログ
2. 標本化定理
3. 電流加算方式 D-A コンバータ
4. はしご形 D-A コンバータ
5. 2重積分方式 A-D コンバータ
6. 逐次比較方式 A-D コンバータ
7. 並列比較方式 A-D コンバータ

1 ディジタルとアナログ

ディジタル信号は，コンピュータで処理しやすい

1 ディジタル信号の利点

ディジタルは信号が断続的な形，アナログは信号が連続的な形をしています．図1にディジタル信号，図2にアナログ信号の例を示します．

ディジタル信号とアナログ信号を比べると，どちらにも利点と欠点があります．

例えば，音楽をディジタル信号として記録しているCDプレーヤは，回路が複雑になりますが，高品質な音楽を楽しむことができます．一方，音楽をアナログ信号として記録している昔よく使われたカセットテーププレーヤは，回路が簡単ですが，音質ではディジタル方式にかないません．

ノイズ（雑音）は，私たちの周りの多くのところに潜んでいます．マイクを使って音声信号をアナログの電気信号に変換する場合では，周囲のかすかなノイズ（体を動かす音や空気の流れる音など）を完全に閉め出すのは不可能です．マイク自体も内部でノイズを発生しますし，電気信号を増幅するトランジスタも内部でノイズを発生します．

これらのノイズの影響で，元の信号は本来の形を崩してしまいます．また，信号が電気回路を伝わるときには，導線のもつ電気抵抗などによってその大きさが弱まります．これを損失とよびます．アナログ信号は，ノイズや損失の影響を特に受けやすいのです（図3）．

しかし，0と1からなるディジタル信号では，ノイ

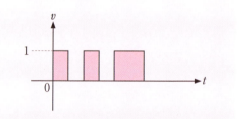

図1　ディジタル信号

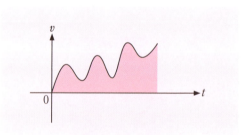

図2　アナログ信号

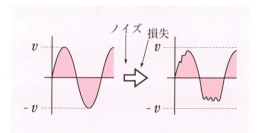

図3　ノイズと損失

ズや損失によって，0の信号が1に変わってしまったり，逆に1だった信号が0に変わってしまうことはあまり考えられません．つまり，ディジタル信号は，アナログ信号よりもノイズや損失に強いのです．

アナログ方式の情報は，コピーを繰り返すと，ノイズや損失の影響により，徐々に品質が劣化していきます．しかし，ディジタル方式の情報は，何度コピーしても元の品質を保持します．

2　D-A，A-D コンバータ（変換器）

CD プレーヤを例に挙げてみましょう．CD に記録されているデータは，0と1からなるディジタル信号です．一方，再生してスピーカから出力される音楽は，アナログ信号です．したがって，CD プレーヤの中には，ディジタル信号をアナログ信号に変換する回路が備わっていることがわかります（図4）．

この変換回路を，**D-A コンバータ**とよびます．"D"はディジタル（digital），"A"はアナログ（analog）の頭文字です．

D-A コンバータとは逆に，アナログ信号をディジタル信号に変換する回路を，**A-D コンバータ**とよびます．A-D コンバータは，ディジタルテスタなどに使用されています（図5）．

私たちの周囲には，音声や照明，温度や湿度などのアナログ信号がたくさんあります．しかし，コンピュータをはじめとするディジタル回路では，ディジタル信号を処理します．したがって，D-A コンバータや A-D コンバータが必要となるのです．

フィルムを使用するアナログ方式のカメラに代わって，ディジタル方式のカメラが広く普及しているように，現在は多くの機器でディジタル方式が主流です．しかし，私たち人間は音や光などの情報をアナログ信号としてとらえることが多いのです．このため，D-A，A-D コンバータは大変重要な役割を担っています．

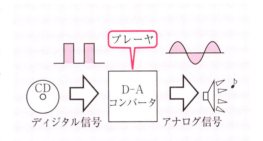

図4　D-A コンバータ

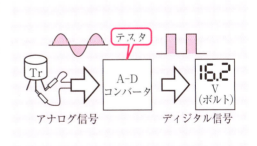

図5　A-D コンバータ

Let's review　9-1

A-D コンバータが組み込まれている，身近にある電気製品を挙げなさい．

2 標本化定理

1948年，シャノンが示した標本化定理

1　A-D 変換の流れ

アナログ信号をディジタル信号に変換する流れを考えてみましょう．

図1に示すようなアナログ信号の電圧を例に挙げます．

アナログ信号は，時間が変化しても連続している量ですから，時間を適当な間隔 Δt に区切って，それぞれの時間における電圧の大きさを読み取ります（図2）．

次に，読み取った電圧データを，図3に示すように表示します．

このように，元のデータから，ある規則でデータを抽出することを**標本化**，または**サンプリング**といいます．また，図3のような棒状の波形を **PAM**（pulse amplitude modulation）波とよびます．

次に，得られたPAM波の大きさを適当な値に近似（例えば，四捨五入）します（図4）．この操作を**量子化**といいます．

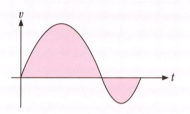

図1　アナログ信号

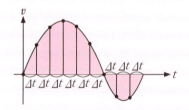

図2　時間を区切る

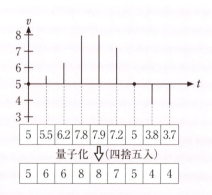

図4　量子化

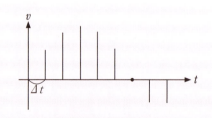

図3　PAM波

そして，量子化したデータを，2進数に変換すればディジタル信号が得られます（**図5**）．この操作を**符号化**といいます．

図6に，A-Dコンバータの処理の流れを示します．

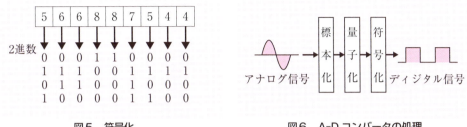

図5　符号化　　　　　　　　　図6　A-Dコンバータの処理

2　標本化定理

標本化周波数は，標本化を行う際のデータ抽出間隔を，周波数で表したものです．標本化周波数を高くするほどデータの精度は上がり，同時にデータの量も増加していきます．データの精度が上がるのは好ましいことですが，データの量は少ないほど扱いが容易になります．

標本化定理を使えば，この相反する条件を適切に判断することができます．

標本化定理は，「アナログ信号が含んでいる最大周波数f_{max}の2倍以上の標本化周波数f_sを用いて標本化を行えば，標本化後の信号から元のアナログ信号を完全に再現することができる」という定理です（図7）．

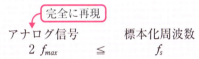

図7　標本化定理

3　量子化誤差

標本化定理を用いれば，元のアナログ信号の情報を損失することなく，標本化を行うことができます．しかし，量子化の段階では，PAM波を四捨五入などによって，適当な値に近似しています．このとき生じる誤差を，**量子化誤差**といいます．

符号化後のディジタル信号の桁数を多くすれば，量子化誤差を少なくできますが，桁数を無限に増やすことは不可能です．したがって，量子化誤差をゼロにすることは現実的にはできません．

Let's review 9-2

音響機器における標本化周波数の値について説明しなさい．

3 電流加算方式 D-A コンバータ

ディジタル信号を
アナログ信号に変換する

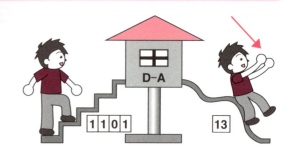

1 電流加算方式 D-A コンバータ

ディジタル信号をアナログ信号に変換する回路を考えてみましょう．

図1に，**電流加算方式**とよばれる D-A コンバータの回路例を示します．

図1で，抵抗 R が非常に小さい値だとすると，スイッチ S_0 だけがオンのときには，抵抗 R に 1 mA の電流が流れます．

また，スイッチ S_1 だけがオンのときには，抵抗 R に 2 mA の電流が流れます．表1に，各スイッチがオンの状態のときに流れる電流を示します．各スイッチに対応した電流は，順に 8, 4, 2, 1 mA となっていて，これは 4 ビットの 2 進数の各ビットの「重み」と同じ値になっています（27 ページ参照）．

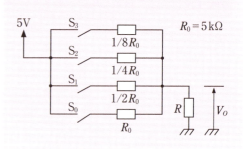

図1　電流加算方式 D-A コンバータ

表1　スイッチと電流の対応

スイッチ	S_3	S_2	S_1	S_0
電流[mA]	8	4	2	1

複数のスイッチを同時にオンにした場合，抵抗 R には，各スイッチに対応した電流の和が流れます（キルヒホッフの第1法則）．したがって，抵抗 R の両端から出力される電圧 V_O は，スイッチ入力（ディジタル信号）に対応したアナログ信号となります．

例えば，1011 というディジタル信号の場合には，信号1に対応するスイッチ S_3，S_1，S_0 をオンにします．

すると，各スイッチに対応した電流の和 8 + 2 + 1 = 11 [mA] が抵抗 R に流れます．

このように，電流加算方式では，回路に流れる電流を加算することで，ディジタル信号をアナログ信号に変換します．また，流れる電流の重みを決めるために使用する抵抗を，**加重抵抗**とよびます．

この回路で，変換精度を向上させるためには，抵抗 R を加重抵抗の合成抵抗よりも十分小さくすることが必要となります．しかし，抵抗 R を小さくすれば，$V_O = IR$ から，取り出すアナログ信号

V_O も小さくなってしまいます．このために，抵抗 R の代わりに**演算増幅器**（オペアンプ）が用いられることがあります．

図2に示す演算増幅器を用いた回路では，点 A の入力インピーダンスを大きな値に保ちながらアナログ信号を取り出すことができます．

加重抵抗を用いた電流加算方式の D-A コンバータは，回路が簡単ですが，精度が高い多くの種類の抵抗器が必要となります．

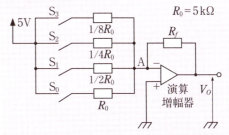

図2　演算増幅器を用いた回路

2 カウンタを用いた D-A コンバータ

図1では，ディジタル信号を4個のスイッチに対応させた回路を学習しました．ここでは，スイッチの代わりに，**カウンタ IC** を利用する回路を考えてみましょう．

図3に，カウンタ IC を用いた電流加算方式の D-A コンバータ回路を示します．

用いるカウンタは，4ビットの2進カウンタとします．カウンタにクロックパルスが入力されるたびに，出力 $Q_0 \sim Q_3$ は，表2のように変化します．

カウンタから信号1が出力された場合には，そこに接続されている加重抵抗に対応した電流が流れます．したがって，出力端子 V_O からは，各加重抵抗に流れる電流の和に応じた電圧がアナログ信号として取り出されます．

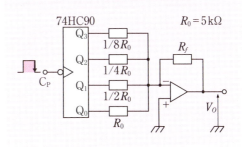

図3　カウンタを用いた回路

表2　カウンタの出力信号

C_P	Q_3	Q_2	Q_1	Q_0
0	0	0	0	0
1	0	0	0	1
2	0	0	1	0
3	0	0	1	1
4	0	1	0	0
5	0	1	0	1
6	0	1	1	0
7	0	1	1	1
8	1	0	0	0
9	1	0	0	1
10	1	0	1	0
11	1	0	1	1
12	1	1	0	0
13	1	1	0	1
14	1	1	1	0
15	1	1	1	1

Let's review 9-3

図3の回路で，クロックパルスを12個入力した場合，R_f に流れる電流はいくらか．

4 はしご形 D-A コンバータ

理解の決め手は，合成抵抗

1 はしご形 D-A コンバータ

図1に，はしご形とよばれる D-A コンバータの回路を示します．これは，3ビットのディジタル信号に対応したスイッチ入力をアナログ信号に変換する回路例ですが，抵抗をはしごのように配置するので，このようによばれるのです．この動作原理を考えてみましょう．

入力のディジタル信号が001である場合を例に挙げます．スイッチ S_2, S_1, S_0 をディジタル信号に対応させて，それぞれオフ，オフ，オンに設定します．この場合の等価回路を図2に示します．

合成抵抗を考えると，図2は，図3のような等価回路に書き換えることができます．そして，回路に流れる出力電流は，I_o の2倍になります．

図3は，図4のような等価回路に書き換えることができます．図4では，回路に流れる出力電流は，I_o の4倍になります．

図4の回路を変形すると，図5のようになり，これから I_o を計算すると次のようになります．

$$4I_o = \frac{V}{3R} \times \frac{1}{2} \quad \therefore I_o = \frac{V}{24R}$$

次に，ディジタル信号が010である場合を考えます．スイッチ S_2, S_1, S_0 をディジタル信号に対応させて，それぞれオフ，オン，オフに設定します．

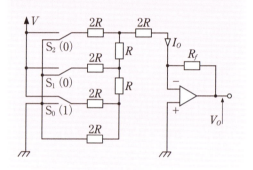

図1 はしご形 D-A コンバータ

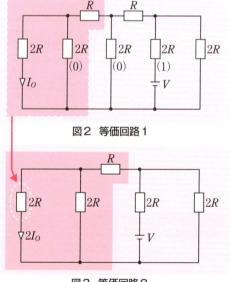

図2 等価回路1

図3 等価回路2

この場合の等価回路を図6に示します．

図2と同様に，回路を変形すると，図7のようになり，回路に流れる出力電流 I_O' は，

$$I_O' = \frac{V}{12R}$$

になります．

この I_O' と前に求めた I_O には，次の関係があります．
$I_O' = 2I_O$

この関係は，入力したディジタル信号 $(010)_2 = (2)_{10} \times (001)_2$ となっていることと対応しています．

このようにして，回路には3ビット入力のディジタル信号の組合せに応じた大きさの出力電流が流れます．すなわち，ディジタル信号入力に対応するアナログ信号を出力として取り出すことができるのです．

ここでは，説明が簡単になるように3ビットの回路を使いましたが，4ビット以上になっても基本原理は同じです．

はしご形D-Aコンバータは，R と $2R$ の2種類の抵抗で回路が構成できる利点があります．また，出力電流は R と $2R$ の抵抗比によって決まり，抵抗値そのものには無関係となります．

ただし，電流加算方式D-Aコンバータより回路が複雑になります．

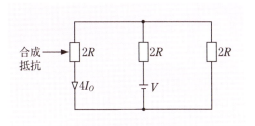

図4　等価回路3

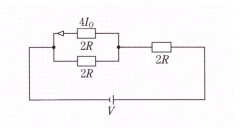

図5　等価回路4

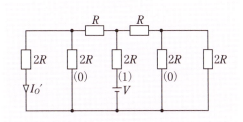

図6　入力が010の場合

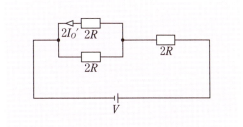

図7　入力が010の場合の等価回路

Let's review 9-4

図1で，ディジタル信号入力 (S_2, S_1, S_0) が，$(0, 1, 1)$，および $(1, 0, 0)$ である場合の出力電流を計算しなさい．

5　2重積分方式 A-D コンバータ

2通りの積分期間がある変換器

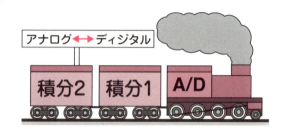

1　積分回路

　図1に，演算増幅器（オペアンプ）を用いた**積分回路**を示します．

　理想的な演算増幅器では，点Aの入力インピーダンスは無限大となり，抵抗Rを流れる電流は，すべてコンデンサCに流れ込みます．したがって，図1の回路は，第7章4節（127ページ）で学んだ積分回路と同様の働きをします．詳しい動作原理の説明は省略しますが，図2に，積分回路の入力電圧と出力電圧の関係を示します．

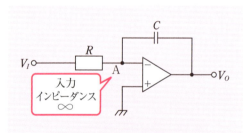

図1　演算増幅器による積分回路

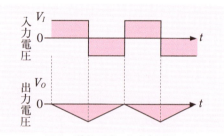

図2　積分回路の入出力電圧

2　2重積分方式 A-D コンバータ

　図3に2重積分方式A-Dコンバータの回路を，図4に動作原理図を示します．図3の回路には，図記号が同じですが，演算増幅器（オペアンプ）とコンパレータ（比較器）を各1個使用しています．

●動作原理

（1）スイッチ S_3 をオンにしてコンデンサCを放電し，積分回路を**リセット**します．

（2）スイッチ S_3 をオフ，S_1 をオン，S_2 をオフにして，入力電圧 V_I を積分回路に加えます．すると積分回路からは，入力電圧 V_I の積分値が出力されます．このときの積分時間を，カウンタを用いて**一定**にします．例えば，カウンタが N 個のクロックパルスをカウントする間だとします．

（3）スイッチ S_1 をオフ，S_2 をオンにして，積分回路にマイナスの基準電圧 V を加えます．すると積分回路からの出力電圧は，ゼロになるまで一定の傾きで変化します．このとき，基準電圧 V を

加えてから出力電圧がゼロになるまでの時間を，カウンタで**カウント**します．例えば，カウンタが n 個のクロックパルスをカウントしたとします．

コンパレータは，出力電圧がゼロになるのを検知する働きをしています．

（4）基準電圧 V を加えたときに出力電圧がゼロまで変化していく場合のグラフの傾きは基準電圧 V に依存して一定であり，ゼロになるまでの時間（パルス数 n）は入力電圧 V_I に比例することなどを考えれば，

$$n = \frac{V_I}{V} N$$

が成り立ちます．

したがって，アナログの入力電圧 V_I をディジタル量の n に変換できたことになります．

（5）カウンタからの出力 n を，デコーダ回路により**ディジタル値として表示**します．

このように，2通りの積分期間があるので，2重積分方式 A-D コンバータとよばれていますが，変換に時間がかかるのが**短所**です．

長所としては，（1）回路が比較的簡単である．（2）安価に作れる．（3）精度が高い．（4）周期的な雑音に強い．（5）時定数（CR）の変化が出力結果に影響しない（図5），等があげられます．

2重積分方式 A-D コンバータや，次に学ぶ逐次比較方式 A-D コンバータのように変換時間が長くなる回路では，変換するアナログ信号入力の値を一定に保つために，**サンプルホールド回路**とよばれる回路が用いられます（165ページ参照）

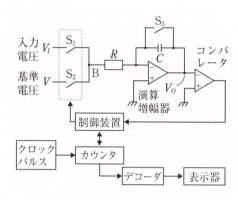

図3　2重積分方式 A-D コンバータ

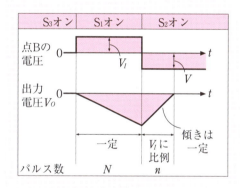

図4　動作原理図

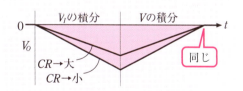

図5　時定数が変化した時の出力電圧

Let's review 9-5

1. 図3の回路で，コンパレータの働きを説明しなさい．
2. 図5のように時定数が変化したときの出力変化からどのようなことがわかるか述べなさい．

6 逐次比較方式 A-D コンバータ

挟み撃ちで
値を見つける方法

1 逐次比較方式 A-D コンバータ

図1に，逐次比較方式 A-D コンバータの回路例を示します．

この A-D コンバータは，0～8Vまでのアナログ電圧を，3ビットの2進数で表されるディジタル信号に変換するものです．ただし，アナログ電圧の小数部は，切り捨ててしまいます（量子化誤差）．

内部には，**コンパレータ**，**逐次比較レジスタ**，**D-A コンバータ**などを備えています．コンパレータは，アナログ電圧 V_I と D-A コンバータからの出力電圧 V_A の大きさを比較するためのものです．また，逐次比較レジスタは，出力端子 Q_2, Q_1, Q_0 が，3ビットの2進数の重み4，2，1（2^2, 2^1, 2^0）にそれぞれ対応しています．

それでは，逐次比較方式 A-D コンバータの動作原理を学習しましょう．

例として，5.3Vのアナログ電圧を入力した場合の動作例を，図2に示します．参照しながら進んでください．

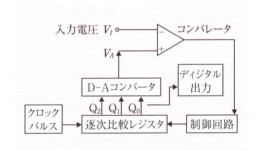

図1 逐次比較方式 A-D コンバータ

● **動作原理**

アナログ電圧 V_I に 5.3V が入力されたとします．

（1）逐次比較レジスタの Q_2 から，信号1を出力（Q_1, Q_0 は，信号0を出力）します．

（2）D-A コンバータは，入力信号 100（Q_2, Q_1, Q_0）に対応するアナログ電圧4Vを V_A としてコンパレータに入力します．

（3）コンパレータは，V_I と V_A を比較して，$V_I \geq V_A$ ならば Q_2 を信号1と決定し，$V_I < V_A$ ならば Q_2

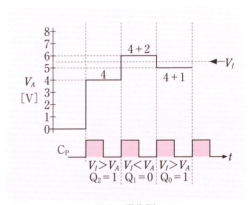

図2 動作例

を信号 0 と決定します．この例では，5.3 ＞ 4 なので，**Q_2 は信号 1** となります．

（4）逐次比較レジスタの Q_1 から，信号 1 を出力（Q_0 は，信号 0 を出力）します（先ほど，Q_2 は信号 1 と決定されています）．

（5）D-A コンバータは，入力信号 110（Q_2, Q_1, Q_0）に対応するアナログ電圧 4 + 2 = 6 [V] を V_A としてコンパレータに入力します．

（6）コンパレータは，V_I と V_A を比較して，$V_I \geq V_A$ ならば Q_1 を信号 1 と決定し，$V_I < V_A$ ならば Q_1 を信号 0 と決定します．この例では，5.3 ＜ 6 なので，**Q_1 は信号 0** となります．

（7）逐次比較レジスタの Q_0 から，信号 1 を出力します（先ほど，Q_2 は信号 1，Q_1 は信号 0 と決定されています）．

（8）D-A コンバータは，入力信号 101（Q_2, Q_1, Q_0）に対応するアナログ電圧 4 + 1 = 5 [V] を V_A としてコンパレータに入力します．

（9）コンパレータは，V_I と V_A を比較します．この例では，5.3 ＞ 5 なので，**Q_0 は信号 1** となります．

（10）アナログ電圧が，ディジタル信号 101 に変換されました．

このようにして，アナログ電圧は，ディジタル信号に近似的に変換されます．ここでは，説明が簡単になるように，3 ビットのディジタル信号を例に挙げましたが，ビット数が増えた場合でも基本的な原理は同じです．

逐次比較方式の A-D コンバータは，中高速用として計測，制御，音響機器などに広く利用されています．しかし，2 重積分方式 A-D コンバータに比べると変換誤差が大きいのが欠点です．この主な原因は，内部の D-A コンバータによる誤差です．

逐次比較レジスタの代わりに，通常のアップカウンタを使い，0 V からカウントを開始してアナログ電圧と等しいディジタル信号を探すこともできます．

ただし，アップカウンタを用いた方式では，入力データによってカウンタのカウント数が異なるために，変換時間が常に一定とはなりません．

Let's review 9-6

1. 図 1 の回路で，コンパレータの働きを説明しなさい．
2. 図 1 の回路で，アナログ電圧 V_I が 4.6 V である場合の変換過程を説明しなさい．

7 並列比較方式 A-D コンバータ

閃光(flash)のごとく高速な変換器

1 並列比較方式 A-D コンバータ

　図1に，3ビットのディジタル信号出力を得るための，**並列比較方式 A-D コンバータ**の回路例を示します．

　逐次比較方式 A-D コンバータでは，比較の対象とする端子を1ビットごとに順次決定していきました．したがって，nビットの場合には，n回の比較を行う必要があるため，変換速度が遅くなりました．

　一方，並列比較方式 A-D コンバータでは，入力するアナログ電圧を，2^n個の抵抗で分圧して，それぞれを個別のコンパレータを用いて同時に比較判定します．比較判定の結果は，エンコーダに入力されてディジタル信号に変換されます．このように，入力信号を一斉に比較できるため，非常に高速な変換が可能となります．この回路は，**フラッシュ・コンバータ**ともよばれますが，まさにフラッシュ（閃光）のような高速変換が特徴です．

　しかし，多くのコンパレータが必要となる欠点があります．nビットのディジタル信号出力を得るためには，2^n-1個のコンパレータが必要です．例えば，8ビットのディジタル信号出力を得るためには，255個のコンパレータが必要になり，回路が複雑になり，消費電力が大きく，発熱の問題などが生じてきます．

　以上のようなことから，並列比較方式 A-D コンバータは，例えば，ビデオ信号処理などのように，あまり多くのビット数を必要とせず，かつ高速性が要求される用途に多く用いられています．

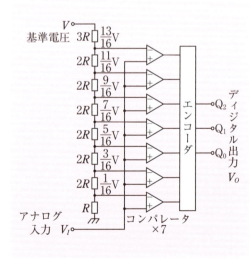

図1　並列比較方式 A-D コンバータ

2 サンプルホールド回路

並列比較方式 A-D コンバータは，ある瞬間のアナログ信号を対象に変換処理を行います．しかし，2 重積分方式や逐次比較方式の A-D コンバータでは，変換中に入力データが変化してしまうと，正確な変換を行うことができません．したがって，変換する入力データを一定に保持するための回路が必要となります．この回路は，**サンプルホールド回路**とよばれます．

図 2 にサンプルホールド回路の動作を，図 3 に回路を示します．

● **動作原理**

（1）スイッチ S をオンにして，入力電圧 V_I によってコンデンサ C を充電します．オンにしておく時間は，**サンプル時間**とよばれ，入力電圧 V_I の変動に対しては十分短く，コンデンサ C の充電に対しては十分長い時間を設定します．

（2）スイッチ S をオフにします．オフにしておく時間は，**ホールド時間**とよばれ，この間は，出力電圧 V_O が一定となります．

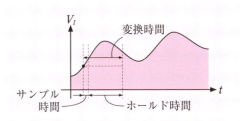

図2　サンプルホールド回路の動作

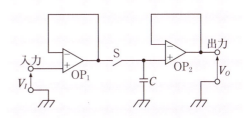

図3　サンプルホールド回路

3 グリッチ

D-A コンバータでは，ディジタル信号を取り込む際に，**グリッチ**とよばれるノイズ（雑音）が生じます（図 4）．

グリッチの原因は，D-A コンバータがディジタル信号の各ビットをまったく同時に取り込めずに，一瞬ランダムな信号を出力してしまうことや，内部のスイッチ回路の応答速度のばらつきなどです．

グリッチを除去する回路は，**デグリッチャ**とよばれますが，回路構成は前に学んだサンプルホールド回路と同じです．

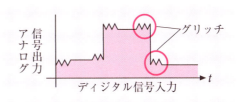

図4　グリッチ

Let's review 9-7

並列比較方式 A-D コンバータの長所と短所を説明しなさい．

第9章 D-A・A-D コンバータ

章末問題9

1. 次に挙げる説明のうち，ディジタル信号とアナログ信号を比較した場合，ディジタル信号に当てはまる項目の記号を答えなさい．
   - A：ノイズの影響を受けにくい　　B：損失が大きい　　C：コンピュータで処理しやすい
   - D：断続的な大きさをもつ　　E：自然界に多くある信号である

2. マイクロホンから取り込んだ音楽を CD に記録する装置に必要なコンバータの名称を答えなさい．

3. A-D 変換を行う場合，次の①～③を処理の順番に並べなさい．
   - ① 符号化　　② 量子化　　③ 標本化

4. 次の用語を説明しなさい．
   - ① 標本化定理　　② 量子化誤差

5. 電流加算方式 D-A コンバータの長所と短所を答えなさい．

6. 右に示すはしご形 D-A コンバータにおいて，ディジタル信号入力 (S_2, S_1, S_0) が $(1, 1, 0)$ である場合の出力電流を計算しなさい．

7. 次に挙げる説明のうち，2重積分方式 A-D コンバータの特徴として正しい項目の記号を答えなさい．
   - A：精度が高い　　B：カウンタ回路が必要になる　　C：高速な処理が可能
   - D：時定数 CR の値によって変換誤差が生じる　　E：周期的な雑音に弱い

8. 逐次比較方式 A-D コンバータを2重積分方式 A-D コンバータと比較した場合，逐次比較方式 A-D コンバータの長所と短所を答えなさい．

9. A-D コンバータに用いるサンプルホールド回路の役割を説明しなさい．

10. 並列比較方式 A-D コンバータが使用される用途の特徴を答えなさい．

11. グリッチとよばれるノイズを除去する回路について，説明しなさい．

9章のまとめ

* A-D 変換は，標本化，量子化，符号化の順で行われる．
* D-A コンバータには，電流加算式，はしご形などの種類がある．
* 逐次比較方式 A-D コンバータは，内部に D-A コンバータを持っている．
* 並列比較方式 A-D コンバータは，高速だが回路が複雑になるなどの欠点を持っている．
* サンプルホールド回路は，A-D 変換時の入力信号を一定値に保つ働きをする．

第10章 実 験 回 路

　これまで，ディジタル回路の基礎を学んできました．

　工学をしっかりと身につけるには実験が欠かせません．ディジタル回路の理解にも実験はとても大切です．本を読んでいくと簡単で何でもないように見える事項でも，実際に実験してみると，思わぬ勘違いや，見過ごしていた重要な事柄に気付くことが多々あります．

　工学は理論を実践に応用する学問です．おっくうがらずにハンダこてを握り，これまで学んだ理論を実際の回路で試してみましょう．

　ディジタル回路は，入力された0, 1の信号に対して必要な処理を行い，やはり0, 1の信号を出力することが基本です．したがって最初は，回路に信号を入力するための信号用スイッチ回路と出力信号をLEDの点灯として確認する出力表示回路を製作しましょう．

　続いて，基本ゲート回路の動作確認，ディジタルICの特性測定，加算・減算回路，カウンタなどの実験を行いましょう．

1．基本ゲート回路の実験
2．ディジタルICの特性測定
3．加算・減算回路の実験
4．フリップフロップ回路の実験
5．カウンタ回路の実験
6．マルチバイブレータ回路の実験

1 基本ゲート回路の実験

AND, OR, NOT などの機能を確認しよう

1 信号入力用スイッチ回路

はじめに，ディジタル回路に0か1かの信号を入力するためのスイッチ回路を製作しましょう．実験では，信号1を5V，信号0を0Vに対応させる**正論理**を使います．

図1に，**信号入力用スイッチ回路**を示します．

各信号線は，プルダウン抵抗を通して接地されていることに注目してください．この部分を省略してしまうと，スイッチがオフの場合に，信号線はどこにもつながらないことになり，回路の動作が不安定になってしまいます．

スイッチには，スナップ形を用いるとよいでしょう（図2）．

製作した後は，テスタで配線をチェックし，問題がなければ電源装置につなぎ，各端子の出力電圧をチェックしましょう．

図1 信号入力用スイッチ回路

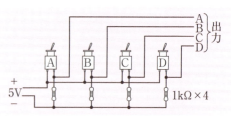

図2 スイッチ回路の実体配線図

2 出力表示回路

次に論理回路の**出力結果を表示する**回路を製作しましょう．複数の出力端子の状態を同時に見ることができるように**LED**（発光ダイオード）を使った表示回路を作ります（図3）．

ICなどの半導体は熱に弱いのが欠点です．ハンダ付けの際に熱を与えないことと，部品交換が容易なようにICソケットを利用しましょう．

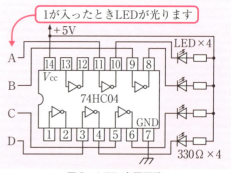

図3 LED表示回路

3 実　験

AND 回路から実験を始めましょう．AND ゲート IC には 74HC08 などがあります．信号入力用スイッチ回路と LED 表示回路を接続します（**図4**）．

AND ゲートの動作を真理値表にしてみましょう（**表1**）．

IC を OR，NOT ゲートに交換して，**表2**，**表3**を完成させてください．

図5，**図6**に，ゲート IC のピン配置を示します．

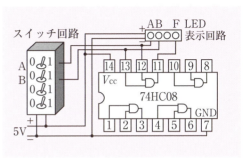

図4　実験回路

表1　AND ゲートの真理値表　　表2　OR ゲートの真理値表　　表3　NOT ゲートの真理値表

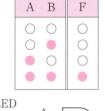 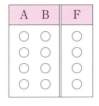

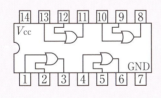 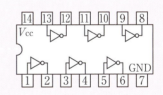

図5　OR（74HC32）　　　　　図6　NOT（74HC04）

Let's review 10-1

EX-OR ゲート（74HC86）の動作を実験で確認し，真理値表を書きなさい．

第10章 実験回路

2 ディジタルICの特性測定

スレッショルド電圧を測定しよう

1 出力ピンの電圧

TTLとCMOSの**出力ピンの電圧**を測定してみましょう．使用するICは，TTLが74LS04(NOT)，CMOSが74HC04(NOT)です(**図1**)．ピン配置は，どちらも同じです．また，**図2**に示すように，外観も同じです．

図3に実験回路，**図4**に実体配線図を示します．

テスタを用いて，出力ピンの電圧を測定し，結果を表にしましょう(**表1**)．

同じ論理信号でも，TTLとCMOSでは実際の電圧がやや違うことが確認できます

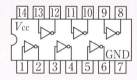

図1　74LS04，74HC04

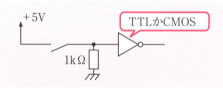

図3　出力電圧測定の回路

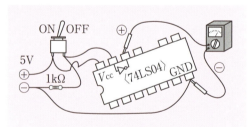

図4　出力電圧測定の実体配線図

表1　ICの出力電圧

スイッチ	TTL	CMOS
OFF	4.10V	5.0V
ON	0.15V	0.02V

結果は，プルダウン抵抗の大きさにより多少違う．

図2　ICの外観

2 スレッショルド電圧の測定

スレッショルドは，信号 0 と 1 の境界のことでした．実験で TTL と CMOS の**スレッショルド電圧**を測定してみましょう．図5 に実験回路，図6 に実体配線図を示します．

使用しないゲートの入力ピンは，接地することが好ましいのですが，ここでは省略しています．

●実験方法

① 入力端子 A の電圧が 0V になるように，VR（可変抵抗器）を回し切っておきます．

② VR を回して，入力端子 A の電圧を少しずつ上げていき，出力端子 B の電圧を測定します．

図7 に，測定結果の例を示します．

このグラフから，スレッショルド電圧を読み取ると，TTL は約 1.5V，CMOS は約 2.5V です．

図8 に，信号 0 と 1 を区別する範囲を示します．このような範囲のことを，**論理レベル**といいます．図7 で，0 と 1 の間にある白い部分は，入力電圧による 0 か 1 の判定が不安定になってしまう領域です．

それぞれの IC の入力ピンに，例えば 2.0V を入力したときの出力ピンの信号は，TTL と CMOS では異なることを確認しておきましょう（図9）．

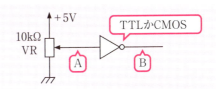

図5　スレッショルド電圧測定の回路

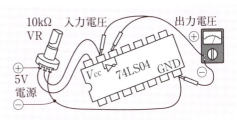

図6　スレッショルド電圧測定の実体配線図

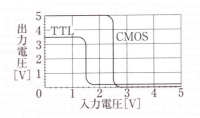

図7　測定結果のグラフ例

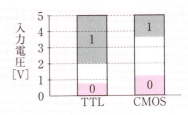

図8　論理レベル

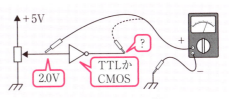

図9　論理レベルの確認

Let's review 10-2

シュミットトリガ IC（74HC14）を用いて，入力電圧を上げていった場合と下げていった場合のスレッショルド電圧を測定しなさい．

3 加算・減算回路の実験

演算回路の動作を確認しよう

1 加算回路

全加算器(FA)を製作して動作を確認してみましょう．

図1に，2ビットデータを加算する全加算器のブロック図を示します．

図2に，4ビット全加算器IC，74HC283のピン配置を示します．このピン配置に用いた記号は，75ページに示した記号と変えてあるので注意してください．

2組の2ビットデータを加算する回路を作ってみましょう．図3に，加算器の実験回路を示します．2ビット加算器の真理値表は，表1のようになります．

前に作った4ビットの信号入力用スイッチ回路と出力表示用LED回路を利用します．製作が終わったら，実験により真理値表を確認してください．

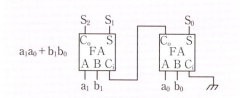

図1 全加算器のブロック図

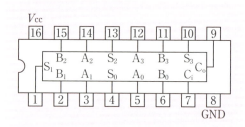

図2 74HC283

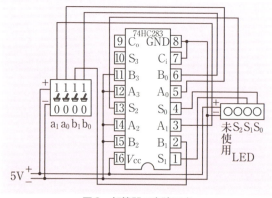

図3 加算器の実験回路

表1 加算器の真理値表

$a_1 a_0$	$b_1 b_0$	$S_2 S_1 S_0$	$a_1 a_0$	$b_1 b_0$	$S_2 S_1 S_0$
0 0	0 0	0 0 0	1 0	0 0	0 1 0
0 0	0 1	0 0 1	1 0	0 1	0 1 1
0 0	1 0	0 1 0	1 0	1 0	1 0 0
0 0	1 1	0 1 1	1 0	1 1	1 0 1
0 1	0 0	0 0 1	1 1	0 0	0 1 1
0 1	0 1	0 1 0	1 1	0 1	1 0 0
0 1	1 0	0 1 1	1 1	1 0	1 0 1
0 1	1 1	1 0 0	1 1	1 1	1 1 0

2　減算回路

次に，減算器の実験をしましょう．図4に，2ビットデータを減算する**全減算器（FS）**のブロック図を示します．

減算器は，「2の補数」の考え方から加算器を用いて作ることができます．図5に示す回路で，コントロール端子C_iに信号1を入れれば減算器として動作します．

図6に，減算器の実験回路を示します．全加算器ICには先ほどと同じ74HC283を，またEX-ORには74HC86を使います．

2ビット減算器の真理値表は，表2のようになります．実験により，この真理値表を確認してください．

理論どおりの動作をしない場合は，回路の配線をもう一度確認しましょう．配線に間違いがない場合は，ハンダ付けをチェックしてください．初心者の作った回路では，ハンダ付け不良が誤動作の原因であることが多いものです．

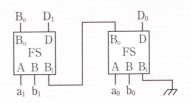

図4　全減算器のブロック図

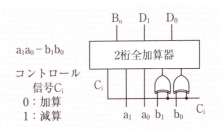

図5　加算器を用いた減算器の構成

表2　減算器の真理値表

a_1	a_0	b_1	b_0	B_o	D_1	D_0		a_1	a_0	b_1	b_0	B_o	D_1	D_0
0	0	0	0	0	0	0		1	0	0	0	0	1	0
0	0	0	1	1	1	1		1	0	0	1	0	0	1
0	0	1	0	1	1	0		1	0	1	0	0	0	0
0	0	1	1	1	0	1		1	0	1	1	1	1	1
0	1	0	0	0	0	1		1	1	0	0	0	1	1
0	1	0	1	0	0	0		1	1	0	1	0	1	0
0	1	1	0	1	1	1		1	1	1	0	0	0	1
0	1	1	1	1	1	0		1	1	1	1	0	0	0

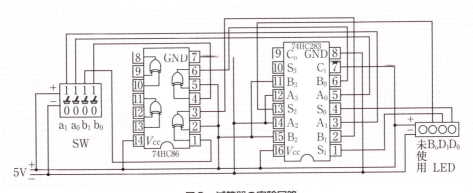

図6　減算器の実験回路

Let's review　10-3

図6の回路を加算器として動作させて実験を行いなさい．

4 フリップフロップ回路の実験

RS-FF と JK-FF の動作を実験で確認しよう

1 RS-FF

図1に，NANDゲートだけで構成したRS-FFの回路を示します．

NANDゲート74HC00を使って，図2に示す実験回路を作りましょう．

セット端子とリセット端子は，どちらもプルダウン抵抗でアース（0）に接続してあります．リード線で，5V（1）につなげば入力信号を変えられます．

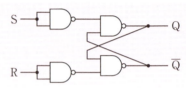

図1　NANDで構成したRS-FF

● 実験手順

（1）リセット端子に1を入れます．
このときLEDが消えているほうの出力がQです．

（2）セット端子に1を入れます．
このとき，出力Qが1（LED点灯）になり，出力$\overline{Q}$は0（LED消灯）になります．

（3）セット端子，リセット端子が共に0のとき（この回路では，両端子に何も入力しない状態）は，出力の状態がそのまま保持されます．

（4）再び，リセット端子に1を入れると，出力Qは0（LED消灯）になります．

表1　RS-FFの真理値表

	S	R	Q	$\overline{Q}$
(3)	0	0		
(1)	0	1		
(2)	1	0		
	1	1		

完成しよう

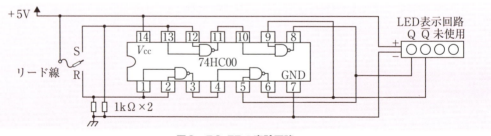

図2　RS-FFの実験回路

（5）真理値表を書きましょう（**表1**）．

「Q $\overline{Q}$」欄の上から順に，「1　0（保持）」「0　1」「1　0」「禁　止」になりますね．RS-FFでは，セット端子とリセット端子を同時に1にするのは禁止されています．

2 JK-FF

次に，**JK-FF**の動作を実験で確認しましょう．JK-FFは，セット端子，リセット端子を同時に1にできないというRS-FFの欠点を解決したFFです．

CMOS，74HC73を使って実験回路を製作しましょう．このICは，クロックパルスのネガティブエッジで動作します．

前に製作したRS-FFの実験回路を用いて，リード線でセット端子を1にした後，リセット端子を1にすれば，チャタリングのないパルス1個を出力できます．

図3に，JK-FFの実験回路を示します．

●実験手順

図4に示すタイムチャートのように信号を入力して，出力を観測しましょう．最初にクリア端子に0を入れてFFをクリアします．出力Qが0，$\overline{Q}$が1であることを確認します．

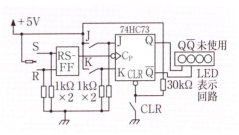

図3　JK-FFの実験回路

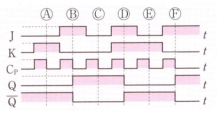

図4　タイムチャート

Aの状態：入力Jを0，Kを1にして，クロックパルスを1個入れます．出力Qは0，$\overline{Q}$は1になります．

Bの状態：入力Jを1，Kを0にして，クロックパルスを1個入れます．これで，出力Qは1，$\overline{Q}$は0になります．

Cの状態：入力Jを0，Kを0にして，クロックパルスを1個入れます．これで，出力Q，$\overline{Q}$は前の状態を保持します．

Dの状態：入力Jを1，Kを1にして，クロックパルスを1個入れます．これで，出力Qと$\overline{Q}$は反転します．

Let's review 10-4

CMOS（74HC74）を使用して，D-FFの実験を行いなさい．

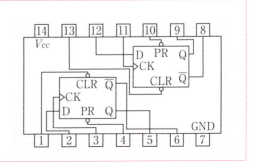

第10章 実験回路

5 カウンタ回路の実験

非同期式と同期式カウンタ回路を実験で確認しよう

1 非同期式4進カウンタ

D-FFを2個使って**非同期式4進アップカウンタ**を製作しましょう．

非同期式4進アップカウンタの回路は，図1に示すようになります．

D-FFは，CMOSの74HC74を使います（図2）．

図3に，実験回路を示します．

クロックパルスを1個ずつ入力して，表1の真理値表を作成してください．クロックパルスC_Pを1個入力するたびに，出力はカウントアップされ，4個目のパルスでリセットされます．

図1 非同期式4進アップカウンタ

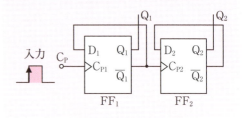

図2 74HC74

表1 非同期式4進カウンタの真理値表

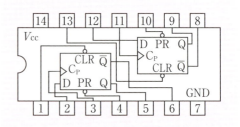

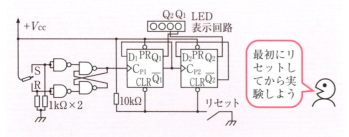

図3 非同期式4進カウンタの実験回路

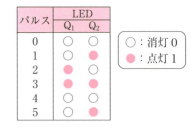

リード線で，セット，リセット端子に触れるのが面倒な場合は，両接点の押しボタンスイッチを使いましょう．

$+V_{cc}$ が，ボタンを押している間は端子 S に，ボタンを押していないときは端子 R にかかるように配線します（図4）．

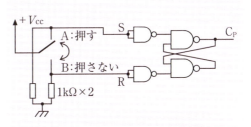

図4　押しボタンスイッチ回路

2 同期式4進カウンタ

次は，同期式カウンタの実験を行いましょう．JK-FF を2個使って，**同期式4進アップカウンタを製作**します．

回路は，図5に示すようになります．

JK-FF は，CMOS の 74HC73 を使います（図6）．

図7に，実験回路を示します．

実験を行い，表2の真理値表を完成してください．

完成した表2は，非同期式4進カウンタと，同じ動作を表します．

しかし，非同期式カウンタでは，FF は前段からの信号を受けてから動作しますが，同期式カウンタでは，同じクロックパルスですべての FF が一斉に動作します．

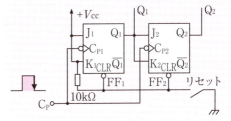

図5　同期式4進アップカウンタ

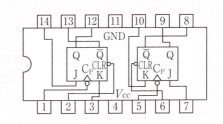

図6　74HC73

表2　同期式4進カウンタの真理値表（未完成）

パルス	LED	
	Q_1	Q_2
0	○	○
1	●	○
2	○	●
3	●	●
4	○	○
5	●	○

○：消灯 0
●：点灯 1

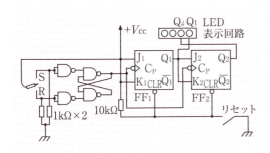

図7　同期式4進カウンタの実験回路

Let's review 10-5

同期式3進アップカウンタを製作して，実験で動作を確認しなさい．

6 マルチバイブレータ回路の実験

非安定マルチバイブレータの動作を実験で確認しよう

1 非安定マルチバイブレータ

非安定マルチバイブレータを製作して実験を行いましょう．図1に，回路を示します．

配線に間違いがないことを確認したら，電源を接続しましょう．赤と緑のLEDが交互に点灯すればOKです．

この回路では，TR_1 がオンのとき赤のLEDが，また TR_2 がオンのとき緑のLEDが点灯します．LEDの点滅状態を方形波として表すと，図2のようになります．

● 計算（理論値）

発生する方形波の周期と周波数を回路図から計算してみましょう．非安定マルチバイブレータの発生する方形波の周期 T は次の式で求められます．

$T = 0.7 \times (C_1 \times R_1 + C_2 \times R_2)$ [s]

製作した回路の C_1 と C_2 はどちらも $10\mu F$ で，R_1 と R_2 は $50k\Omega$ ですから，T は次のようになります．

$T = 0.7 \times (2 \times 10 \times 10^{-6} \times 50 \times 10^3) = 0.7$ [s]

周波数 f は，$f = 1/T$ [Hz] から，$f =$ 約 1.43 [Hz] です．

● 測定（実測値）

次に，製作した回路から，実際の周期と周波数を測定しましょう．

時計を使って，LEDが60秒間に何回点灯するかを測定します．この回路では，$C_1 R_1 = C_2 R_2$ ですから，赤，

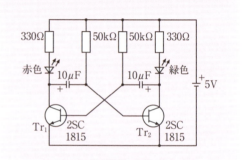

図1 非安定マルチバイブレータの回路

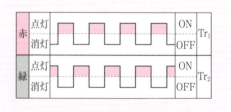

図2 LEDの点滅状態

表1 周期と周波数

	理論値	実測値
周期 T	0.70 s	0.71 s
周波数 f	1.43 Hz	1.41 Hz

緑どちらの LED を測定しても構いません．

　例えば，LED が 60 秒間に 85 回点灯した場合の周期は $T = 60/85 =$ 約 0.71 [s]，周波数は $f =$ 約 1.41 [Hz] となります．

　以上の結果を，**表 1** にまとめて示します．

　回路図から求めた**理論値**と，実験から求めた**実測値**は完全には一致していません．

　実測値には必ずといっていいほど，**誤差**が含まれています．今回の実験では理論値と実測値の差はわずかです．したがって，誤差を考えると，理論値と実測値は一致したと考えることができます．

　この実験では，次のような誤差の原因が考えられます．

● 誤差の原因

（1）計算では，抵抗を 50 kΩ，コンデンサを 10 μF としましたが，部品の値には必ず**誤差**が含まれています．普通，抵抗の誤差は 5 〜 10 %，コンデンサの誤差はそれ以上あります．

（2）LED の点滅回数を実測するときの誤差が考えられます．例えば，時計をスタートさせる瞬間や，60 秒経ったときの瞬間の点滅はカウントすべきかどうか微妙です．

（3）測定器の誤差が考えられます．この実験では，時間測定に時計を使いました．

2　IC を用いたマルチバイブレータ回路

　マルチバイブレータ回路は，IC を用いて構成することもできます．

　図 3 に，ゲート回路を使用した各種のマルチバイブレータの回路を示します．

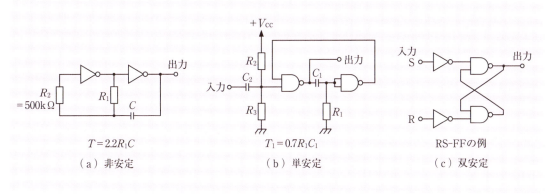

図 3　IC を用いたマルチバイブレータ

Let's review 10-6

図 1 の回路で，2 個のコンデンサをどちらも 0.01 μF に交換して，次の実験を行いなさい．
（1）オシロスコープを用いて出力波形を観測する．
（2）周期，周波数を理論値と実測値とで比較する．

問 題 の 解 答

第1章

Let's review の解答

1-1 (p.25)
(1) $1\times 2^4+0\times 2^3+1\times 2^2+1\times 2^1+0\times 2^0=22$
(2) $1\times 2^7+1\times 2^6+0\times 2^5+1\times 2^4+1\times 2^3+1\times 2^2+1\times 2^1+0\times 2^0$
$=128+64+16+8+4+2=222$
(3) 101101111

1-2 (p.27)
(1) $10\times 16^2+13\times 16^1+4\times 16^0=2772$
(2) 3FF (3) 1101011 (4) 5F7

1-3 (p.29)
(1) 「1の補数」: 00100010
　　「2の補数」: 00100011
(2) 10011111
(3) $-32,768 \sim +32,767$

1-4 (p.31)
論理演算では，ビットごとの論理積をとる．

(1) 論理演算　　(2) 算術演算

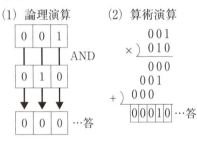

1-5 (p.33)
(1) $F=A\cdot B\cdot C$
(2) $F=\overline{A}\cdot\overline{B}\cdot C$

1-6 (p.35)
$F=A\cdot A+A\cdot B+A\cdot\overline{C}+A\cdot\overline{B}+B\cdot\overline{B}$
　$+\overline{B}\cdot\overline{C}+A\cdot C+B\cdot C+C\cdot\overline{C}$
$=A+A\cdot B+A\cdot\overline{C}+A\cdot\overline{B}+\overline{B}\cdot\overline{C}+A\cdot C$
　$+B\cdot C$
$=A\cdot(1+B+\overline{C}+\overline{B}+C)+\overline{B}\cdot\overline{C}+B\cdot C$
$=A+\overline{B}\cdot\overline{C}+B\cdot C$

1-7 (p.37)
$F=\overline{(\overline{A}\cdot\overline{B})\cdot\overline{C}}=\overline{(\overline{A}\cdot\overline{B})}+\overline{\overline{C}}$
$=\overline{(\overline{A}+\overline{B})}+C=A+B+C$

●「章末問題1」(p.38) の解答

1. 100キロバイト，約97.7キビバイト
2. ① $(10000)_2$ ② $(110)_2$ ③ $(110111)_2$ ④ $(100)_2$
3. ① $(172)_{10}$ ② $(457)_{10}$ ③ $(11011001)_2$ ④ $(11101010011)_2$
4. ① $(1468)_{10}$, $(10110111100)_2$
   ② $(2809)_{10}$, $(101011111001)_2$
5. ① $(245)_{16}$ ② $(5F9)_{16}$
6. $(01110000)_2$
7. $(10010000)_2$
8. ① 1000 ② 1101 ③ 0110

9.
A	B	C	F
0	0	0	0
0	0	1	1
0	1	0	0
0	1	1	1
1	0	0	0
1	0	1	1
1	1	0	0
1	1	1	1

10. ① ②

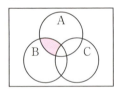

11. $A+B=1\cdot(A+B)=(A+\overline{A})\cdot(A+B)$
$=A\cdot A+A\cdot B+\overline{A}\cdot A+\overline{A}\cdot B$
$=A\cdot(1+B+\overline{A})+\overline{A}\cdot B=A+\overline{A}\cdot B$

12. $F=\overline{A}\cdot\overline{B}+A\cdot\overline{B}=\overline{B}\cdot(\overline{A}+A)=\overline{B}$

第2章

Let's review の解答

2-1 (p.41) 2個の1をまとめてループで囲むことができないので，この論理式はこれ以上簡単化できない．

	$\overline{B}$	B
$\overline{A}$		1
A	1	

2-2
(p.43)

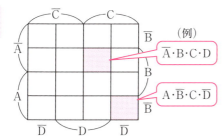

4変数のベイチ図において，ループで囲める1の数は，1，2，4，8，16個のいずれかです．

2-3 (p.45)
$F = \overline{\overline{A} \cdot B + B}$
$= \overline{\overline{A} \cdot B} \cdot \overline{B}$
$= (A + \overline{B}) \cdot \overline{B}$
$= A \cdot \overline{B} + \overline{B}$
$= \overline{B} \cdot (A + 1) = \overline{B}$

$F = \overline{B}$

A	B	F
0	0	1
0	1	0
1	0	1
1	1	0

2-4 (p.47) ①   ②

2-5 (p.49) 入力 A，B，C の 1 の個数が奇数のとき，出力 F は 1 となる．

A	B	C	F
0	0	0	0
0	0	1	1
0	1	0	1
0	1	1	0
1	0	0	1
1	0	1	0
1	1	0	0
1	1	1	1

2-6 (p.51)
$F = \overline{A} \cdot B \cdot \overline{C} + \overline{A} \cdot B \cdot C + A \cdot B \cdot \overline{C}$
$= \overline{A} \cdot B + A \cdot B \cdot \overline{C}$

2-7 (p.53)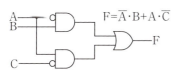

●「章末問題2」(p.54) の解答

1． ① $F = A \cdot \overline{B} + B \cdot (A + \overline{A})$
$= A \cdot \overline{B} + A \cdot B + \overline{A} \cdot B$

② $F = A \cdot \overline{B} \cdot C + A \cdot \overline{C} \cdot (B + \overline{B})$
$= A \cdot \overline{B} \cdot C + A \cdot B \cdot \overline{C} + A \cdot \overline{B} \cdot \overline{C}$

2．①   簡単化できない
② 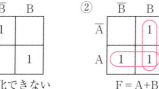 $F = A + B$

3．① $F = \overline{B} \cdot \overline{C} + A \cdot C$ ② $F = 1$

4．① 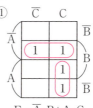 $F = \overline{A} \cdot B + A \cdot C$
② 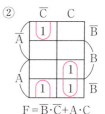 $F = \overline{B} \cdot \overline{C} + A \cdot C$

5．① $F = \overline{A} \cdot \overline{C} + A \cdot B + D$ ② $F = \overline{B} \cdot \overline{D}$

6．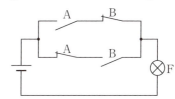

7． $F = \overline{\overline{A} \cdot B + A \cdot \overline{B}} = (\overline{\overline{A} \cdot B}) \cdot (\overline{A \cdot \overline{B}})$
$= (A + \overline{B}) \cdot (\overline{A} + B) = A \cdot \overline{A} + A \cdot B + \overline{A} \cdot \overline{B} + B \cdot \overline{B}$
$= A \cdot B + \overline{A} \cdot \overline{B}$

8． ① $F = \overline{A} \cdot \overline{B} \cdot \overline{C} + \overline{A} \cdot B \cdot \overline{C} + \overline{A} \cdot \overline{B} \cdot C$
$+ A \cdot B \cdot \overline{C}$

②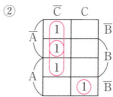
$F = \overline{A} \cdot \overline{C} + B \cdot \overline{C} + \overline{A} \cdot B \cdot C$

③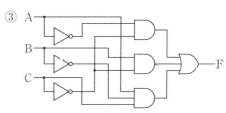

第3章

Let's review の解答

3-1 (p.57) どちらも同じピン配置である．

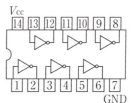

74LS04 (TTL)，74HC04 (CMOS)

181

問題の解答

3-2 (p.59) 14ピン：$V_{cc}(+)$
7ピン：GND($-$)

3-3 (p.61) スイッチを開いた際に，ゲートの入力ピンがオープンになるのを防ぐため．

3-4 (p.63)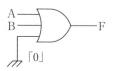

使用しない入力ピンを信号0(アース)に接続しておけばよい．

3-5 (p.65) TTLの出力が0のときには，出力電圧がCMOS入力の信号0の論理レベル範囲内に収まる．しかし，TLLの出力が1のときには，出力電圧がCMOS入力のスレッショルド電圧以下になってしまう場合がある．このため，プルアップ抵抗を用いて接続する．

3-6 (p.67)

G	AF間
0	非導通
1	導通

3-7 (p.69)
(1) 正論理
(2) 負論理
(3) ポジティブエッジ
(4) ネガティブエッジ

例えば，ポジティブエッジ型は，信号が0から1に立ち上がる瞬間に動作することになる．

● 「章末問題3」(p.70)の解答

1. CMOSは，TTLに比べて集積化しやすく，消費電力も少ない．また，高速化も進んできたことなどが理由である．
2. ① ICの入力端子に信号が入ってから，出力端子に信号が現れるまでの時間
   ② ICが，信号0と信号1を区別する境界の電圧
3. TTLにはLS, ALS, AS, CMOSにはHC, AC, AHC, BiCMOSにはABT, BCTなどのファミリがある．
4. EX-NOR
5. 電源電圧やスレッショルド電圧などの違いに注意する．
6. ①
   ② スイッチがOFFのときに，端子Aの電位を+5Vに引き上げる働きをしている．
   ③ プルアップ抵抗
7. 出力端子同士を接続できる．電源電圧と異なる電圧で比較的大きな電流を流せる．外部に負荷抵抗が必要となる．
8. 吸い込み電流は，出力ピンが信号0を出力しているときに出力ピンからIC内部に向けて流れる電流である．吐き出し電流とは出力ピンが信号1を出力しているときに出力ピンからIC外部に向けて流れる電流である．
9. 1本の出力ピンに接続できる入力ピンの最大数
10. およそ1.6V～3.8Vの範囲は，不安定であり，信号0か1が定まらずに誤動作する可能性がある．この範囲は，電源電圧によっても変化する．
11. ① 一瞬でも超えてはいけない条件
    ② 安定した動作が期待できる，メーカが推奨する条件
    ③ 伝搬遅延時間に関する電気的特性

第4章

Let's review の解答

4-1 (p.73) ベイチ図より，Sは簡単化できない．C_oを簡略化すると，
$C_o = A \cdot B + A \cdot C_i + B \cdot C_i$

4-2 (p.75) 並列加算方式のICは，ノイマンの全加算器を基本にしており，複数桁の加算ができる．

4-3 (p.77) 減算は，「2の補数」を用いて加算(0110 + 1011 + 1)として計算される．

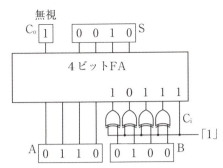

について，Sの式に，$\overline{A}\cdot C_i\cdot \overline{C_i}$，$B\cdot C_i\cdot \overline{C_i}$，$\overline{A}\cdot B\cdot \overline{B}$，$B\cdot \overline{B}\cdot \overline{C_i}$，$A\cdot \overline{A}\cdot B$，$A\cdot \overline{A}\cdot C_i$を加える．これらは，補元の法則によりすべて0の項である．Sを整理すると，$S=(A+B+C_i)\cdot(\overline{A}\cdot \overline{B}+\overline{A}\cdot \overline{C_i}+\overline{B}\cdot \overline{C_i})+A\cdot B\cdot C_i$となる．一方，簡単化した$C_o=A\cdot B+A\cdot C_i+B\cdot C_i$より，$\overline{C_o}=\overline{A\cdot B+A\cdot C_i+B\cdot C_i}=\overline{A}\cdot \overline{B}+\overline{A}\cdot \overline{C_i}+\overline{B}\cdot \overline{C_i}$となる．以上より，
$$S=(A+B+C_i)\cdot \overline{C_o}+A\cdot B\cdot C_i$$
が得られる．

4．並列加算方式は多くの全加算器が必要になるが，直列加算方式よりも高速な演算が可能となる．できれば，より高速な演算が可能なキャリールックアヘッド並列加算方式について調べてみよう．

4-4
(p.79)

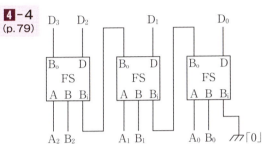

4-5
(p.81)
$(1000000)_2=(2^6)_{10}$より，$(1000101)_2$を左に6桁シフトすればよい．

4-6
(p.83)
$(11110)_2\div(1000)_2=(11110)_2\div(2^3)_{10}$
$(11110)_2$を右に3桁シフトすればよい．

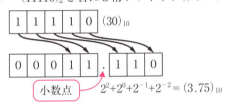

4-7
(p.85)
論理積を計算した，0100が出力される．

● 「章末問題4」(p.86)の解答

1． ①

A	B	S	C
0	0	0	0
0	1	1	0
1	0	1	0
1	1	0	1

②

A	B	C_i	S	C_o
0	0	0	0	0
0	0	1	1	0
0	1	0	1	0
0	1	1	0	1
1	0	0	1	0
1	0	1	0	1
1	1	0	0	1
1	1	1	1	1

2．半加算器は，下位ビットからの桁上りデータを受け取って加算することができない．

3．全加算器 $S=\overline{A}\cdot \overline{B}\cdot C_i+\overline{A}\cdot B\cdot \overline{C_i}+A\cdot \overline{B}\cdot \overline{C_i}+A\cdot B\cdot C_i$, $C_o=\overline{A}\cdot B\cdot C_i+A\cdot \overline{B}\cdot C_i+A\cdot B\cdot \overline{C_i}+A\cdot B\cdot C_i$

5． ①

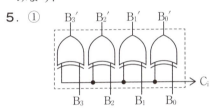

②

C_o	S_3	S_2	S_1	S_0		B_3'	B_2'	B_1'	B_0'
0	1	1	0	1		1	0	1	0

6． ①

A	B	D	B_o
0	0	0	0
0	1	1	1
1	0	1	0
1	1	0	0

②

A	B	B_i	D	B_o
0	0	0	0	0
0	0	1	1	1
0	1	0	1	1
0	1	1	0	1
1	0	0	1	0
1	0	1	0	0
1	1	0	0	0
1	1	1	1	1

7．$2^4=16$倍になる．

第5章

Let's review の解答

5-1
(p.89)

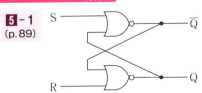

問題の解答

5-2 (p.91) セット優先RS-FFに，S=1，R=1が入力された時の動作を示す．

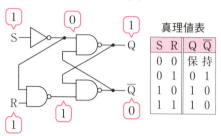

真理値表

S	R	Q	$\overline{Q}$
0	0	保	持
0	1	0	1
1	0	1	0
1	1	1	0

5-3 (p.93) RS-FFは「1,1」入力が禁止されている．しかし，JK-FF「1,1」入力で反転動作をする．

5-4 (p.95)

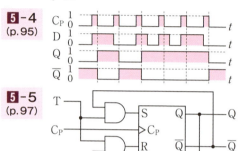

5-5 (p.97)

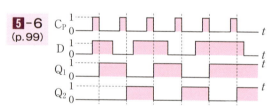

5-6 (p.99)

5-7 (p.101) 入力形式をシリアルかパラレルに選択できる4ビットのシフトレジスタ．

●「章末問題5」(p.102)の解答

1.

S	R	Q	$\overline{Q}$	動作
0	0	Q	$\overline{Q}$	保持
0	1	0	0	リセット
1	0	1	1	セット
1	1	不	定	禁止

2. S=R=1を入力すると，Q=$\overline{Q}$=1で安定するが，これは論理式として矛盾する．さらに，Q=$\overline{Q}$=1で安定した後にS=R=0を入力すると，出力がQ=1，$\overline{Q}$=0になるか，Q=0，$\overline{Q}$=1になるか定まらない．

3.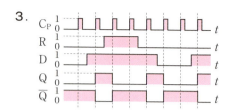

4. T-FFとして動作する．

5.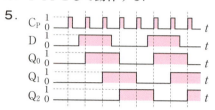

6. 入力Dから入力するデータを，3クロックパルスごとに出力Q_0～Q_2から取り出せば，3ビットのパラレル出力が得られる．

第6章

Let's review の解答

6-1 (p.105) $2^6 = 64$ より，6個必要

6-2 (p.107)

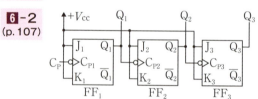

6-3 (p.109)

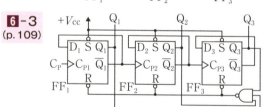

6-4 (p.111)

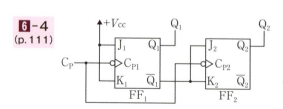

6-5
(p.113)

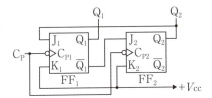

6-6
(p.115)
74HC93（非同期式2進＋非同期式8進カウンタ）と同様の回路が2組内蔵されたICである．32進，64進，128進，256進などのカウンタが構成できる．

6-7
(p.117)
最初の状態では，FF_1の$J_1 = 1$，$K_1 = 0$になるように回路を構成する．

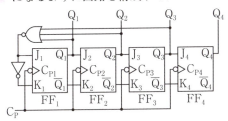

●「章末問題6」（p.118）の解答

1. 非同期式8進アップカウンタ
2. どちらも4進アップカウンタであるが，カウンタAは非同期式，カウンタBは同期式として動作する．
3. 非同期式なので，1回のカウント動作が終了するまでに時間がかかる．また，10個目のパルスをカウントしてリセットをかける直前に，出力端子に$Q_4Q_3Q_2Q_1 = 1010$が一瞬出力される．
4. kが大きくなるほど，多入力ANDゲートが必要になる．例えば，16進カウンタでは，3入力ANDゲートが必要になる．p.111図5のように2入力ANDゲートを組み合わせれば解決できるが，ANDゲートの伝搬遅延時間が累積されていくので，高速に動作させるカウンタの場合には注意が必要となる．
5. 同期式7進アップカウンタ
6. 6進ジョンソンカウンタ
7. ① 4個
   ② 16個
   ③ 8個

第7章

Let's reviewの解答

7-1
(p.121)
TrがOFF→ONへ切り替わるときは，コレクタ電圧がすばやく0電位に変化する．しかし，ON→OFFへ切り替わるときは，C_1やC_2への充電電流がR_{C1}やR_{C2}に流れるので波形が少し遅れる．

7-2
(p.123)
$T_1 = 0.7 \times C_2 \times R_2$
$= 0.7 \times 100 \times 10^{-6} \times 20 \times 10^3$
$= 1.4$ [s]

7-3
(p.125)
2通りの安定状態を持つため．

7-4
(p.127)
$5CR = 5 \times 0.001 \times 10^{-6} \times 10^3$
$= 5 \times 10^{-6} = 5$ [μs]

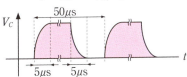

7-5
(p.129)

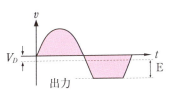

7-6
(p.131)
（a）のリミッタ回路は，ピーククリッパ回路とベースクリッパ回路を組み合わせたもので，基準電圧によって入力波形の上部と下部を切り取る．一方，（b）のスライサ回路は，ダイオードの順方向電圧V_Dのみを利用している．

7-7
(p.133)

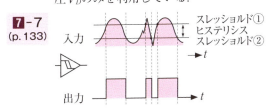

●「章末問題7」（p.134）の解答

1. ① 非安定マルチバイブレータ
   ② 出力端子AまたはBから，方形波を連続的に出力する．

③ $T = 0.7(2 \times 33 \times 10^{-6} \times 30 \times 10^3)$
   $= 1.386 \text{[s]}$,
   $f = \dfrac{1}{T} \fallingdotseq \dfrac{1}{1.386} \fallingdotseq 0.72 \text{[Hz]}$

2. 非安定マルチバイブレータとして動作する．
3. 非安定0，単安定1，双安定2
4. フリップフロップ
5. ① 微分回路
   ② $CR = 0.1 \times 10^{-6} \times 60 \times 10^3 = 6 \times 10^{-3}\text{s}$
      $= 6\text{[ms]}$
   ③ 時定数CRが，入力波形の周期Tより十分に小さいこと
6. ①
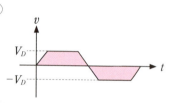
   ②
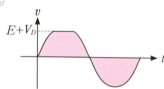
7.
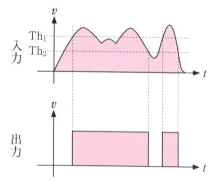

第8章
Let's review の解答

8-1 (p.137) このICは上位入力優先付きICなので，たとえば，A_6とA_3に信号1が入力された場合，A_6が優先され，出力には，その負論理で001が現れる．

8-2 (p.139) BCD表示を使って，上位のICに0001を，下位のICに0000を入力する．

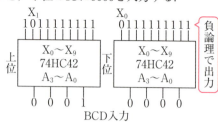

8-3 (p.141) 4入力1出力のマルチプレクサ

S_1	S_0	X
0	0	A
0	1	B
1	0	C
1	1	D

8-4 (p.143) 3種類の1ビットデータがすべて等しい場合に1を出力する．

8-5 (p.145) 電源を切ると，揮発性メモリは記憶内容を失うが，不揮発性メモリは保持する．RAMは揮発性メモリ，ROMは不揮発性メモリである．

8-6 (p.147) 「チャタリング」とは，機械式接点を使用したスイッチで，接触面の凹凸が原因で，スイッチを押した，または離した瞬間に接触面が何度も接触・非接触を繰り返した後に，安定する現象をいう．

8-7 (p.149) スイッチング電流とは，ディジタルICで，処理する信号が「0」から「1」に，または「1」から「0」に変化する瞬間に流れる大きな電流をいう．

●「章末問題8」(p.150)の解答

1.
   （入力Aは，使用しない）

2. ① K ② I ③ E
   ④ C ⑤ D ⑥ G
   ⑦ A ⑧ B

3.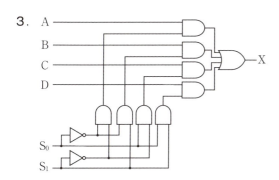

4.

5. ダイナミックRAMでは，コンデンサに蓄えられた電荷の有無をデータの1，0に対応させている．したがって，データの読取り動作を行うと，コンデンサの電荷が消失するため，リフレッシュ処理によって読取り前の状態に戻す必要がある．また，コンデンサの自然放電によっても電荷が消失するので，一定時間内にリフレッシュ処理を行うことも必要となる．

6. FFを用いる．シュミットトリガを用いる．コンピュータのソフトウェアで処理する．

7. 一時的な電源の供給．高周波ノイズをアースに逃がす．

第9章

Let's review の解答

9-1 (p.153) （例）エアコンディショナ：温度センサからのアナログ信号を，A-Dコンバータでディジタル信号に変換して温度制御処理を行っている．

9-2 (p.155) 人が聞くことのできる音の最大周波数は20 kHz程度であるから，標本化周波数は，その2倍以上にする必要がある．例えば，CDでは，44.1 kHzの標本化周波数を採用している．

9-3 (p.157) 題意により，
$(12)_{10} = (1100)_2$
$8 + 4 = 12 [mA]$

9-4 (p.159) 入力(0, 1, 1)の場合，
$I' = \dfrac{V}{8R} = 3I_o$

入力(1, 0, 0)の場合，
$I' = \dfrac{V}{6R} = 4I_o$

となる．

9-5 (p.161)
1. コンパレータは，出力電圧がゼロになるのを検知する働きをしている．
2. 時定数の変動が，入力電圧V_Iと基準電圧Vの積分時間に影響を与えないことがわかる．

9-6 (p.163)
1. 入力電圧V_IとD-Aコンバータの出力電圧V_Aの大きさを比較した結果を制御回路に出力する．
2. 162ページ図2より考えて，
Q_2は，$4.6 > 4$ …… 1
Q_1は，$4.6 < 6$ …… 0
Q_0は，$4.6 < 5$ …… 0
出力は，100となる．

9-7 (p.165) 非常に高速な変換が可能となるが，回路が複雑になってしまう．

●「章末問題9」（p.166）の解答

1. A，C，D
2. A-Dコンバータ
3. ③②①
4. ① アナログ信号が含んでいる最大の周波数の2倍以上の標本化周波数を用いて標本化を行えば，標本化後の信号から元のアナログ信号を完全に再現できる定理
② 量子化において，情報の近似を行う処理で生じる誤差である．扱うディジタル信号のビット数を多くすれば量子化誤差を少なくできるが，完全に無くしてしまうことはできない．
5. 長所：回路が簡単，短所：精度が高い多くの種類の抵抗器が必要

6.

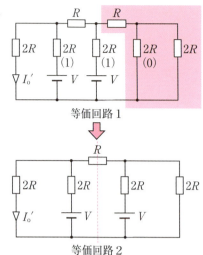

上部の R から見ると左右が同じ回路となるための R には電流が流れないので,$I_o' = \dfrac{V}{4R}$ となる.

$$I_o = \dfrac{V}{24R} \text{ より, } I_o' = 6I_o$$

7．A，B

8．長所：変換時間が速い，短所：変換誤差が大きい

9．アナログ信号は連続的に大きさが変わってしまう．このため，変換するアナログ信号を捉えて保持する役割を果たす．

10．高速性が要求されるが，あまり多くのビット数を必要としない用途

11．デグリッチとよばれる回路であり，サンプルホールド回路と同じ回路構成となる．

第10章

Let's review の解答

(p.169)

● 点灯（1）
○ 消灯（0）

10-2 (p.171)

① 入力電圧を上げていった場合 約3.0V
② 入力電圧を下げていった場合 約2.0V

10-3 (p.173) コントロール信号（7番ピン C_i）を 0（−極）に変更する.

10-4 (p.175)

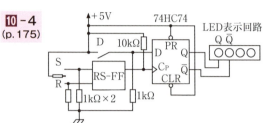

10-5 (p.177)

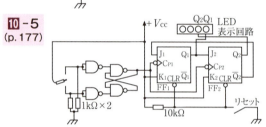

10-6 (p.179) LEDの点滅が速いため直接はカウントできないので，波形から実測する.

理論値
$T = 0.0007$s
$f = $ 約1428.6Hz

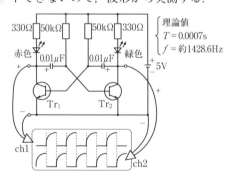

索 引

1の補数，2の補数 ………… 28, 76
2重積分方式 A-D コンバータ… 160
2進化10進数 ………………… 139
2進数 …………………… 24, 136
3進カウンタ …………… 106, 112
3変数のベイチ図 ………………42
4進カウンタ …………… 106, 110
5進アップカウンタ …………… 113
16進数 ……………………………26
74 AC ファミリ …………… 64, 68
74HC ファミリ ………… 57, 65, 170
74LS ファミリ …………… 64, 170
A-D コンバータ ……………… 153
ALU …………………………………84
AND，AND 回路 ………… 31, 44
BCD ……………………………… 139
CMOS ………………………………56
D-A コンバータ ………… 153, 162
D-FF …………………………………94
EPROM，EEPROM ………… 144
EX-NOR，EX-OR 回路 …………47
FA, FS ………………… 73, 78, 172
HA, HS ……………………… 72, 78
IC の規格表 ………………………68
IC メモリ ……………………… 144
JK-FF ……………………… 92, 175
LED, LED表示回路… 17, 67, 148, 168
LSB, MSB …………………………27
NAND 回路 ………………………46
NOR 回路 …………………………46
NOT，NOT 回路 ………… 31, 44
OR，OR 回路 ……………… 31, 44
RAM，ROM …………… 144, 154
RS-FF ……………………… 89, 174
SR-FF ………………………………89
SR 端子付き JK-FF ………………92
T-FF …………………………………94
TTL …………………………………56

【あ】
赤崎　勇 …………………………18
アップカウンタ ……………… 105
アナログ ……………………… 152
天野　浩 …………………………18
アレクサンダーソン ……………13
アンダーフロー …………………83
一致回路 ……………………… 142
インタフェース ……………… 64, 66
ウェーバー ………………………10
ウェスティングハウス …………19
エジソン ………………… 13, 16, 20
エルステッド ……………………9
エレクトロン ……………………7
エンコーダ …………………… 136
演算増幅器 …………………… 157
オーバーフロー …………………81
オープンコレクタ型 ……………61
オープンドレイン型 ……………61
オーム ……………………………10
オペアンプ …………………… 157

【か】
回復法 ……………………………83
ガウス ……………………………10
加減算回路 ………………………77
加重抵抗 ……………………… 156
カスケード接続 …………………99
過渡電流 ……………………… 126
加法標準形 ………………………41
カルノー図 ………………………40
ガルバーニ ………………………9
偽 (false) …………………………30
記憶回路 …………………… 88, 98
基数変換 …………………………25
機能変換 …………………………96
揮発性メモリ ………………… 144
ギブス ……………………………19
逆方向電流 …………………… 128
ギルバート ………………………8
キルヒホッフ ……………………10
クーリッジ ………………………17
クック ……………………………10
組合せ回路方式 …………………80
クランプ回路 ………………… 131
グリッチ ……………………… 165
クリッパ，クリッパ回路 …… 129
クロック入力端子 ………………91
ゲート (gate)，ゲート回路 ……44
誤差 …………………………… 179

【さ】
誤動作 ……………………………60
琥珀 …………………………………7
コンパレータ …………… 142, 162
最上位ビット，最下位ビット ……27
最大定格 ……………………… 58, 68
雑音除去 ……………………… 133
算術演算，算術論理演算装置 ……84
サンプリング ………………… 154
サンプル時間 ………………… 165
サンプルホールド回路 …… 161, 165
ジーメンス ………………… 15, 18
時間稼ぎのルーチン ………… 149
しきい値 …………………………57
時定数 ………………………… 126
シフト ……………………………75
シフトレジスタ ………………… 98
島津源蔵 …………………………15
シャノン ……………………… 154
集積回路 …………………………21
出力ピン …………………………60
シュミットトリガ ……… 132, 146
順序回路 …………………………87
順方向電流 …………………… 128
乗算回路 …………………………80
乗法標準形 …………………… 41, 51
ショックレー ……………………21
ジョンソンカウンタ ………… 116
シリアル，シリアル入出力 …… 100
真 (true) …………………………30
信号入力用スイッチ回路 …… 168
真理値表 …………………… 31, 36
吸い込み電流 ………………… 62, 148
推奨動作条件 ……………………68
スイッチング作用 …………… 120
スイッチング電流 …………… 148
スイッチング特性 ………………69
スタティック RAM …………… 144
スピードアップ・コンデンサ … 123
スライサ回路 ………………… 130
スレッショルド電圧 …… 58, 132, 171
静電気 …………………………… 8, 59
正論理 …………………………… 57, 168
積分回路 ……………………… 160
セット優先 RS-FF ………………91

189

索引

セレクタ回路……………………140	ネガティブエッジ………22, 93, 175	変換する回路……………………153
全加算器(FA)………………73, 172	ノイズ……………………………152	ベン図………………………32, 35
全減算器(FS)………………78, 173	ノイマンの全加算器………………74	ホイートストン……………………10
選択信号…………………………140	【は】	方形波……………………………120
双安定……………………………120	バーディーン………………………21	ホールド時間……………………165
損失………………………………152	ハイインピーダンス………………64	ポジティブエッジ…………………93
【た】	排他的論理和………………………47	ホトカプラ…………………………67
第1,第2の安定状態……………125	バイト………………………24, 144	ホトトランジスタ…………………67
大小比較回路……………………142	バイパスコンデンサ……………149	ボルタ………………………9, 14
代数特有の定理……………………34	バイポーラ型………………………56	ホロニアック………………………17
ダイナミックRAM………………144	吐き出し電流………………62, 148	【ま】
ダウンカウンタ…………………105	波形整形回路………………128, 130	マスクROM……………………145
多数決回路…………………………53	バッファ回路………………………47	マスタスレーブ型FF………………92
単安定……………………………120	パラレル,パラレル入出力………101	マルコーニ…………………………12
単純和,単純積……………………41	パリティチェック………………143	マルチバイブレータ回路………178
逐次比較方式A-Dコンバータ…162	半加算器(HA)………………………72	マルチプレクサ…………………140
逐次比較レジスタ………………162	半減算器(HS)………………………78	三浦順一……………………………17
チャタリング……………………146	非安定……………………………120	ミュッセンブルク…………………8
チャタリング防止回路…………147	非安定マルチバイブレータ……178	モータの制御……………………147
直列加算方式………………………74	引き戻し法…………………………83	モールス……………………………11
ディジタルIC……………………56	ヒステリシスループ……………133	【や】
ディレイ・フリップフロップ……94	ビット………………………………24	ヤコビ………………………………19
データ選択回路…………………140	非同期型クリア端子付きJK-FF…92	ユーザプログラマブルROM…145
デービー……………………9, 16	非同期式…………………………105	ユニポーラ型………………………56
デグリッチャ……………………165	非同期式4進アップカウンタ…176	【ら】
デコーダ,デコーダ回路…136, 140	標本化,標本化定理………154, 155	ライデン瓶…………………………8
テスラ………………………………18	標本化周波数……………………155	ラウンド……………………………20
デマルチプレクサ………………141	ファラデー…………………10, 19	ラッチ………………………………88
電圧降下…………………………147	ファンアウト………………62, 63, 148	ラングミュア………………………17
電気的特性…………………………68	ブール代数…………………………30	リセット…………………………107
電源電圧……………………………58	ブール代数の諸定理………………34	リセット優先RS-FF………………91
伝搬遅延時間………………………57	不揮発性メモリ…………………145	リフレッシュ……………………145
電流加算方式……………………156	符号器,復号器…………………136	量子化……………………………154
同期式……………………………105	ブラッテン…………………………21	量子化誤差………………………155
同期式4進アップカウンタ……177	フランクリン………………………8	リングカウンタ…………………117
ド・フォレスト……………14, 20	フリップフロップ回路……………88	ルクランシェ………………………14
ドブロウォルスキー………………19	プルアップ抵抗,プルダウン抵抗…61	レジスタ……………………74, 98
ド・モルガンの定理………………36	フレミング…………………………13	レーシング…………………………93
トランジスタ………………21, 67, 120	負論理………………………………57	論理演算……………………………84
トランジスタスイッチ……………65	不破橘三……………………………17	論理式………………………………30
トリガ………………………………91	ベイチ図……………………………40	論理式の簡単化……………37, 41
トリガ・フリップフロップ………94	並列加算方式………………………74	論理レベル…………………64, 171
【な】	並列比較方式A-Dコンバータ…164	論理和,論理積,論理否定………30
中村修二……………………………18	ベル…………………………………11	【わ】
入力ピン……………………………60	ヘルツ………………………………12	ワイヤードアンド…………………61

〈著者略歴〉
堀　桂太郎（ほり　けいたろう）
神戸女子短期大学／総合生活学科　教授
国立明石工業高等専門学校　名誉教授　博士（工学）

〈主な著書〉絵ときディジタル回路の教室／絵とぎアナログ電子回路の教室(以上，オーム社)．図解VHDL実習第2版／図解PICマイコン実習(第2版)(以上，森北出版)．ディジタル電子回路の基礎／アナログ電子回路の基礎(以上，東京電機大学出版局)．

- 本書の内容に関する質問は，オーム社ホームページの「サポート」から，「お問合せ」の「書籍に関するお問合せ」をご参照いただくか，または書状にてオーム社編集局宛にお願いします．お受けできる質問は本書で紹介した内容に限らせていただきます．なお，電話での質問にはお答えできませんので，あらかじめご了承ください．
- 万一，落丁・乱丁の場合は，送料当社負担でお取替えいたします．当社販売課宛にお送りください．
- 本書の一部の複写複製を希望される場合は，本書扉裏を参照してください．

JCOPY ＜出版者著作権管理機構　委託出版物＞

絵とき　ディジタル回路入門早わかり（改訂2版）

2002年 1 月20日　　第 1 版第1刷発行
2016年 7 月13日　　改訂2版第1刷発行
2025年 4 月10日　　改訂2版第5刷発行

監修者　岩本　洋
著　者　堀　桂太郎
発行者　髙田光明
発行所　株式会社オーム社
　　　　郵便番号　101-8460
　　　　東京都千代田区神田錦町3-1
　　　　電話　03（3233）0641（代表）
　　　　URL　https://www.ohmsha.co.jp/

© 岩本　洋・堀　桂太郎 2016

組版　アトリエ渋谷　　印刷・製本　TOPPANクロレ
ISBN 978-4-274-50600-0　Printed in Japan